Lösungen zu

Das ist Mathematik 4

Lehrbuch und Aufgabensammlung
für die 4. Klasse
der allgemein bildenden höheren Schulen und der Hauptschulen

Univ.-Prof. Mag. Dr. Hans Humenberger
Hofrat Mag. Dr. Dieter Litschauer
OStR Prof. Mag. Herbert Groß
LSI Prof. Mag. Vera Aue
Ao. Univ-Prof. i. R. Dr. Erich Neuwirth

Themenseiten nach Vorlage von
Ao. Univ.-Prof. Dr. Rudolf Taschner

Unter Mitarbeit von
Ao. Univ.-Prof. Mag. Dr. Stefan Götz

Zusammengestellt von
Mag. Richard Broneder
Mag. Thomas Payer

Unter Mitarbeit von
Lena Broneder

www.oebv.at

Hinweise für den Gebrauch des Lösungshefts

Das Lösungsheft ist zur Kontrolle und nicht zum Abschreiben gedacht. Arbeite deshalb ehrlich, löse jede Aufgabe selbständig und kontrolliere erst dann die Ergebnisse!

Die mit **K** bezeichneten Lösungen sind Kontrolllösungen und betreffen zB Konstruktionsaufgaben, die durch Messung der angeführten Längen bzw. Winkel kontrolliert werden können. Deine Messergebnisse können in der letzten Ziffer von den angegebenen Lösungen abweichen.

Die Figuren im Lösungsheft sind zum Teil verkleinert dargestellt. Es können daher im Allgemeinen keine Längen aus den Figuren entnommen werden.

Für manche Fragen werden aufgrund der Aufgabenstellung nur Lösungsvorschläge gemacht, die mit „zB" eingeleitet werden. Wenn Überschlagsrechnungen angegeben werden, sind diese ebenfalls nur beispielhaft zu verstehen, da im Allgemeinen unterschiedliche Rundungen möglich sind.

Manche Ergebnisse sind aufgrund der gegebenen Größen bzw. des Sachverhalts sinnvoll gerundet angegeben. Zum Vergleich sind dann die ungerundeten Zahlenwerte in Klammern angegeben. „..." hinter der letzten Ziffer bedeutet, dass die weiteren Kommastellen das gerundete Ergebnis nicht mehr beeinflussen. Ob bei Zwischenergebnissen sinnvollerweise gerundete oder ungerundete Werte weiterverwendet werden, hängt von der Aufgabenstellung ab. Daher sind jene Werte, mit denen weitergerechnet wurde, unterstrichen.

Dieses Lösungsheft wurde mit großer Sorgfalt erstellt. Sollten trotzdem Fehler passiert sein, so bitten wir, dies dem Verlag (Österreichischer Bundesverlag Schulbuch GmbH & Co. KG, E-Mail: ahs@oebv.at) mitzuteilen. Auch Wünsche und Anregungen werden gerne entgegengenommen.

Viel Freude und Erfolg mit deiner Mathematikarbeit!

1 zB:

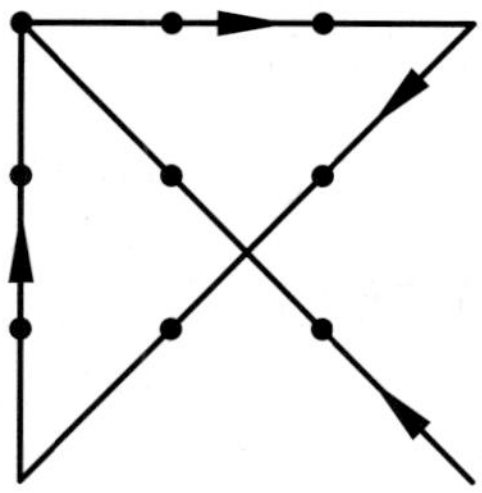

2 zB: a)

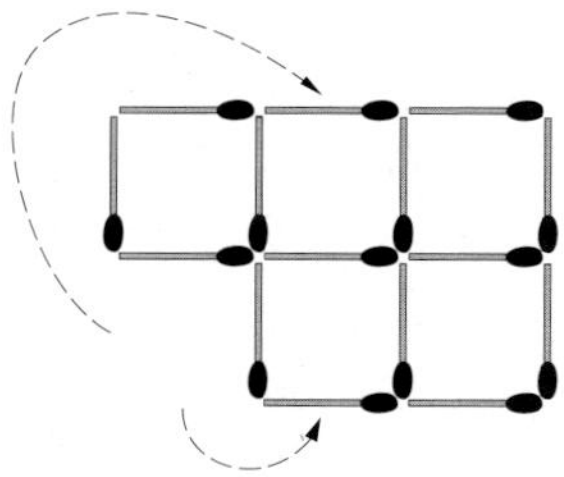

b)

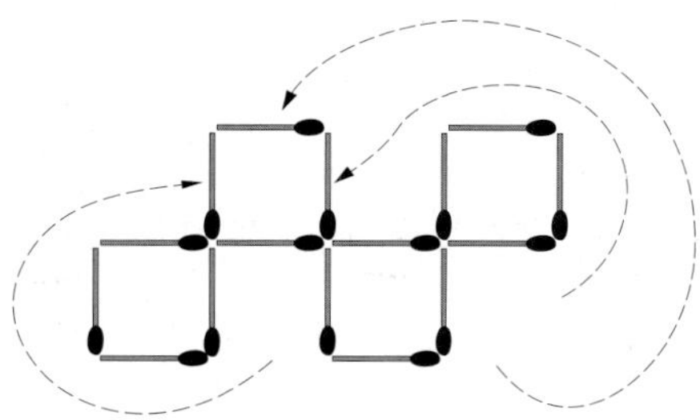

3 Die Trennungslinie verläuft zwischen 3 und 4 und zwischen 9 und 10.

4 Die Zeiger bilden 11-mal einen Winkel von 90 °.

5 zB:

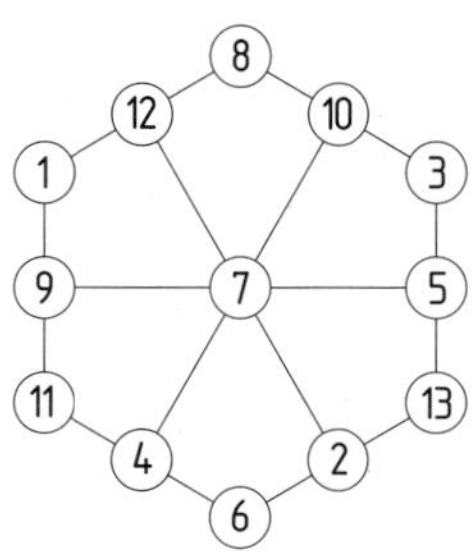

6 Freitag hat höchstens 8 Zahlen in den Sand geschrieben.

7 zB: Die Meldung ist Unsinn. Die Zahl der Verkehrsunfälle ist auf 1 Fünftel, das sind 20 %, gestiegen.

8 Es sind 143 Liter Wasser im Fass.

9 Sie hat 3 Kinder im Alter von 1, 6 und 12 Jahren.

10 Jakob: 15 Jahre; Vater: 39 Jahre; Großvater: 70 Jahre

11 a) 220-mal b) 120-mal c) 112-mal

12 a) 2 926 b) 3 003 c) 2 464

13 a) 24 Einser b) 12 Einser

14 a) Für die zwei Summanden gilt: $a = 25 + x$, $b = 25 - x$.
Für das Produkt gilt dann: $a \cdot b = (25 + x) \cdot (25 - x) = 25^2 - x^2 \leq 625$

b) Wählt man 16-mal die Zahl 3 und einmal 2 als Summanden, so erhält man als Produkt $3^{16} \cdot 2 = 86\,093\,442$.

15 Die Ziffern 3 und 4 müssen vertauscht werden (124 + 381 = 505).

16 Doris hat das Turnier gewonnen.
2. Platz: Branimir
3. Platz: Andrea
4. Platz: Celestin

17 a) Z_{netto}: 4,92 € (4,921…), Guthabenstand: 604,92 € (604,921…)
b) Z_{netto}: 3,45 € (3,445…), Guthabenstand: 603,45 € (603,445…)
c) Z_{netto}: 0,92 € (0,918…), Guthabenstand: 600,92 € (600,918…)
d) Z_{netto}: 4,73 € (4,725), Guthabenstand: 604,73 € (604,725)
e) Z_{netto}: 7,09 € (7,087…), Guthabenstand: 607,09 € (607,087…)

18 64 000 €

19 8 Monate

20 a) Guthabenstand: 3 708 €, Z_{netto}: 108 €
b) Guthabenstand: 3 819,24 €, Z_{netto}: 219,24 €
c) Guthabenstand: 4 173,39 € (4 173,386…), Z_{netto}: 573,39 € (573,386…)
d) Guthabenstand: 4 838,10 € (4 838,098…), Z_{netto}: 1 238,10 € (1 238,098…)

21 a) 1) $Z_{netto} = K_0 \cdot 0{,}0225$ 3) $Z_{netto} = K_0 \cdot (1{,}0225^3 - 1)$
2) $Z_{netto} = K_0 \cdot (1{,}0225^2 - 1)$ 4) $Z_{netto} = K_0 \cdot (1{,}0225^n - 1)$

b) 1) $Z_{netto} = K_0 \cdot 0{,}02625$ 3) $Z_{netto} = K_0 \cdot (1{,}02625^3 - 1)$
2) $Z_{netto} = K_0 \cdot (1{,}02625^2 - 1)$ 4) $Z_{netto} = K_0 \cdot (1{,}02625^n - 1)$

c) 1) $Z_{netto} = K_0 \cdot 0{,}03$ 3) $Z_{netto} = K_0 \cdot (1{,}03^3 - 1)$
2) $Z_{netto} = K_0 \cdot (1{,}03^2 - 1)$ 4) $Z_{netto} = K_0 \cdot (1{,}03^n - 1)$

d) 1) $Z_{netto} = K_0 \cdot 0{,}031875$ 3) $Z_{netto} = K_0 \cdot (1{,}031875^3 - 1)$
2) $Z_{netto} = K_0 \cdot (1{,}031875^2 - 1)$ 4) $Z_{netto} = K_0 \cdot (1{,}031875^n - 1)$

e) 1) $Z_{netto} = K_0 \cdot 0{,}0309375$ 3) $Z_{netto} = K_0 \cdot (1{,}0309375^3 - 1)$
2) $Z_{netto} = K_0 \cdot (1{,}0309375^2 - 1)$ 4) $Z_{netto} = K_0 \cdot (1{,}0309375^n - 1)$

f) 1) $Z_{netto} = K_0 \cdot 0{,}028125$ 3) $Z_{netto} = K_0 \cdot (1{,}028125^3 - 1)$
2) $Z_{netto} = K_0 \cdot (1{,}028125^2 - 1)$ 4) $Z_{netto} = K_0 \cdot (1{,}028125^n - 1)$

22 … rund 439 € (439,2…)

23 a) Guthabenstand: 164,81 € (164,805…) b) … nach 23 Jahren

24 … um 22,35 € (22,352…)

25 126,60 € (126,598…)

26 2 009,11 € (2 009,112...)

27
a) ... um rund 47 % (46,8...)
b) ... um rund 100 % (99,7...)
c) ... um rund 36 % (36,0...)

28
a) ... rund 1 532 Millionen Menschen (1 532,1...).
b) ... rund 2 079 Millionen Menschen (2 079,1...).

29
a) ... rund 1 495 Millionen Menschen (1 495,2...).
b) ... rund 1 619 Millionen Menschen (1 619,2...).

30
a) ...rund 599 Millionen Menschen (589,6...).
b) ...rund 570 Millionen Menschen (569,9...).

31
1)

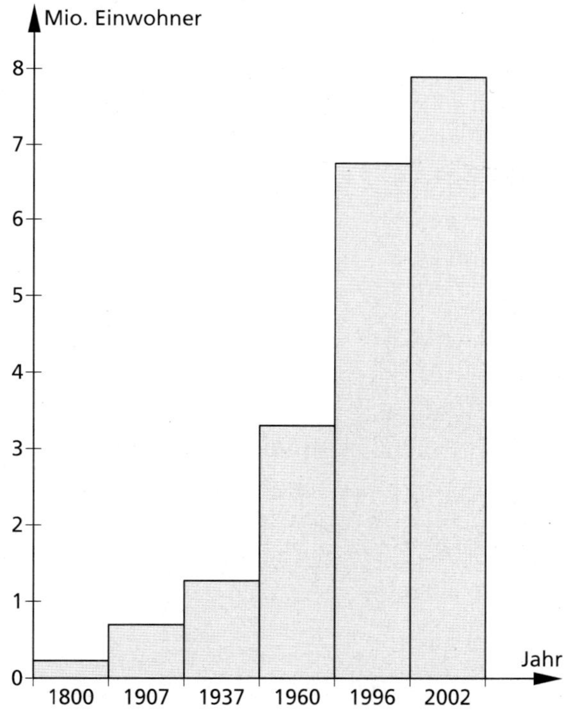

2) rund 1,26 % (1,257...).

3) Im Jahr 2020 werden in Kairo und seinen Vorstädten rund 22,4 Mio (22,39...) Menschen leben.

32

		6	12	16	20	24	30	40
a)	12	2 : 1	1 : 1	3 : 4	3 : 5	1 : 2	2 : 5	3 : 10
b)	40	20 : 3	10 : 3	5 : 2	2 : 1	5 : 3	4 : 3	1 : 1

33
a) a : b = 4 : 3
b) x : y = 7 : 5
c) g : h = 7 : 10
d) m : n = 4 : 5
e) r : s = 4 : 1
f) f : g = 7 : 1

34 a) $x = 12$ c) $u = 3$ e) $a = 14$

b) $y = 8$ d) $v = \frac{8}{7}$ f) $x = -\frac{11}{2}$

35 Die Zahlen heißen
a) 95 und 57, b) 133 und 95, c) 171 und 133.

36 Die Seitenlängen betragen $a = 27$ cm, $b = 36$ cm und $c = 45$ cm.

37 Die Winkel betragen 40° und 50°.

38 Das Elektron befindet sich in einer Entfernung von 30 m vom Kern.

39 a) 1) $r_s \approx 109$ cm (108,9…) 2) $r_j \approx 11$ cm (11,2…)
b) 1) $a_e \approx 235$ m (235,1…) 2) $a_j \approx 1220$ m (1219,8…)

40 1) a) 1989: 156 (155,5…), 1999: 111 (110,8…), 2009: 91 (90,7…)
b) 1989: 159 (159,3…), 1999: 93 (93,0…), 2009: 97 (96,9…)
2) zB: Die Hektarerträge sind durch Einsatz von Kunstdünger stark gestiegen.

41 a) 145 (145,3…) b) 168 (167,8…) c) 89 (88,6…) d) 131 (130,5…)

K **42** Im Jahr 2001 betrug die Höhe rund 17,9 m.

43

1) 1; 1	4) 16; 4	7) 49; 7	10) 100; 10
2) 4; 2	5) 25; 5	8) 64; 8	11) 121; 11
3) 9; 3	6) 36; 6	9) 81; 9	12) 144; 12

44

a)	1) 25	2) 5	3) 5	4) 25	5) 25
b)	1) 36	2) 6	3) 6	4) 36	5) 36

45

a) 2	c) 11	e) 61	g) 24	i) 20
b) 3	d) 28	f) 100	h) 64	j) 20

46 1, 4, 9, 16, 25, 36, 49, 64, 81, 100, 121, 144, 169, 196

47 a) $\sqrt{0{,}16} = 0{,}4$; weil $0{,}4^2 = 0{,}4 \cdot 0{,}4 = 0{,}16$

b) $\sqrt{0{,}36} = 0{,}6$; weil $0{,}6^2 = 0{,}6 \cdot 0{,}6 = 0{,}36$

c) $\sqrt{0{,}81} = 0{,}9$; weil $0{,}9^2 = 0{,}9 \cdot 0{,}9 = 0{,}81$

d) $\sqrt{0{,}0004} = 0{,}02$; weil $0{,}02^2 = 0{,}02 \cdot 0{,}02 = 0{,}0004$

e) $\sqrt{0{,}0016} = 0{,}04$; weil $0{,}04^2 = 0{,}04 \cdot 0{,}04 = 0{,}0016$

f) $\sqrt{0{,}0064} = 0{,}08$; weil $0{,}08^2 = 0{,}08 \cdot 0{,}08 = 0{,}0064$

g) $\sqrt{0{,}0144} = 0{,}12$; weil $0{,}12^2 = 0{,}12 \cdot 0{,}12 = 0{,}0144$

h) $\sqrt{3{,}24} = 1{,}8$; weil $1{,}8^2 = 1{,}8 \cdot 1{,}8 = 3{,}24$

i) $\sqrt{3{,}61} = 1{,}9$; weil $1{,}9^2 = 1{,}9 \cdot 1{,}9 = 3{,}61$

j) $\sqrt{2{,}89} = 1{,}7$; weil $1{,}7^2 = 1{,}7 \cdot 1{,}7 = 2{,}89$

48 zB: a) $30 < \sqrt{1444} < 40$; 38
b) $500 < \sqrt{262\,144} < 600$; 512
c) $2 < \sqrt{5{,}29} < 3$; 2,3
d) $11 < \sqrt{136{,}89} < 12$; 11,7
e) $9 < \sqrt{88{,}36} < 10$; 9,4
f) $0{,}5 < \sqrt{0{,}3025} < 0{,}6$; 0,55
g) $70 < \sqrt{5012{,}64} < 80$; 70,8
h) $4 < \sqrt{18{,}3184} < 5$; 4,28
i) $2 < \sqrt{6{,}4516} < 3$; 2,54
j) $80 < \sqrt{6773{,}29} < 90$; 82,3

49 a) 27 m c) 65 cm e) 6.6 m g) 114 m
b) 48 m d) 35 cm f) 97 m h) 233 m

K **50** a) 1,414213562 c) 2,236067977 e) 12,24744871
b) 2,828427125 d) 10,53565375
Erklärung: zB:…, weil durch das Neueintippen die Stellen, die im Speicher des TR waren (Schutzstellen), gelöscht werden.

51 a) 34,684 c) 100,005 e) 99,995
b) 1,010 d) 31,780 f) 27,875

52 1), 4), 7), 8), 10): Genau
2), 3), 5), 6), 9): Näherungswert

53 a) $2 < \sqrt{7} < 3$
b) $4 < \sqrt{17} < 5$
c) $9 < \sqrt{85} < 10$
d) $2 < \sqrt{5{,}7} < 3$
e) $5 < \sqrt{30} < 6$
f) $9 < \sqrt{99{,}9} < 10$
g) $6 < \sqrt{41{,}5} < 7$
h) $8 < \sqrt{72} < 9$
i) $8 < \sqrt{69} < 9$
j) $10 < \sqrt{114} < 11$

54 zB: a) 7,11 c) 6,25 e) 5,42
b) 8,43 d) 146,41 f) 862,97

K **55** a) 4,24 b) 1,41 c) 5,29 d) 6,32 e) 9,79 f) 11,18

56 zB: a) 4 c) 6.4 e) 9.4 g) 6.8
b) 4.2 d) 9.9 f) 6 h) 10.2

57 a) 4,1 cm b) 5,19 dm c) 1,92 dm d) 4,60 m

58 a) 63 km c) 139 km e) 85 km g) 112 km i) 20 km
b) 98 km d) 109 km f) 128 km h) 51 km j) 290 km

59 Das Quadrat mit dem doppelten Flächeninhalt von 8 cm^2 hat die Seitenlänge $a = \sqrt{8}$ cm und ist die Diagonale des ursprünglichen „kleineren“ Quadrats.

60 a) 1) 7,1 cm (7,07…) 2) 8,7 cm (8,66…) 3) 10 cm
b) 1) 42 cm (42,4…) 2) 52 cm (51,9…) 3) 60 cm
c) 1) 14,1 cm (14,14…) 2) 17,3 cm (17,32…) 3) 20 cm
d) 1) $x \cdot \sqrt{2}$ cm 2) $x \cdot \sqrt{3}$ cm 3) 2x cm

61 a) 1) $z = 10 \cdot \sqrt{n}$ 2) $z = s \cdot \sqrt{n}$
b) 1) $z = \sqrt{6n}$ 2) $z = \sqrt{\frac{a \cdot b \cdot n}{2}}$

62 Seitenlänge = 50,4 m (50,40…)

63
1) 9 cm, 8 cm, 7 cm
2) 10 %, 20 %, 30 %
3) 19 %, 36 %, 51 %

64 a) s = 12,7 cm (12,72…) b) s = 15,6 cm (15,55…) c) s = 3,25 dm (3,252…)

65 $a = \sqrt{\frac{b^2}{2}}$

66 Die längere Seite ist 29,7 cm (29,69…) lang.

67 Längere Seite 594 mm (594,5); kürzere Seite 420 mm (420,5)

68 a) $a + b \neq a + 2\sqrt{ab} + b$ b) $a - b \neq a - 2\sqrt{ab} + b$

69 a) 50 b) 90 c) 100 d) 30 e) 200 f) 500 g) 2 000 h) 6 000

70 a) 2 b) $\frac{1}{2}$ c) $\frac{3}{20}$ d) $\frac{3}{4}$ e) $\frac{13}{7}$ f) $\frac{3}{4}$ g) $\frac{15}{11}$

71 a) $2 \cdot a$ b) $u \cdot v$ c) $c \cdot 5$ d) $3 \cdot x \cdot v$ e) 25 a

72 a) $2 \cdot \sqrt{2}$ b) $2 \cdot \sqrt{3}$ c) $3 \cdot \sqrt{2}$ d) $3 \cdot \sqrt{3}$ e) $5 \cdot \sqrt{2}$ f) $8 \cdot \sqrt{2}$ g) $10 \cdot \sqrt{10}$ h) $20 \cdot \sqrt{2}$ i) $10 \cdot \sqrt{5}$ j) $20 \cdot \sqrt{5}$

73 a) $x \cdot \sqrt{3}$ b) $y \cdot \sqrt{2}$ c) $a^2 \cdot \sqrt{7}$ d) $b^2 \cdot \sqrt{10}$ e) $ab \cdot \sqrt{5}$ f) $xy \cdot \sqrt{6}$ g) $3uv^2 \cdot \sqrt{2}$ h) $2rs^2 \cdot \sqrt{2}$ i) $4b \cdot \sqrt{2a}$ j) $7y \cdot \sqrt{x}$

74
a)
1) 5,7 cm (5,65…)
2) 9,9 cm (9,89…)
3) 11,3 cm (11,31…)
4) 14,1 cm (14,14…)
5) 18,4 cm (18,38…)

b)
1) 5 cm
2) 6 cm
3) 9 cm
4) 12 cm

75
a)
1) 13 = 4 + 9
2) 41 = 16 + 25
3) 45 = 9 + 36
4) 52 = 16 + 36
5) 58 = 9 + 49
6) 65 = 1 + 64
7) 73 = 9 + 64
8) 80 = 16 + 64

b)
1) 5 = 9 – 4
2) 20 = 36 – 16
3) 27 = 36 – 9
4) 33 = 49 – 16
5) 40 = 49 – 9
6) 48 = 64 – 16
7) 55 = 64 – 9
8) 72 = 81 – 9

K 76 Vergleiche mit Buch Seite 24!

a) zB: $\sqrt{32} = \sqrt{4^2 + 4^2} \approx 5{,}7$
b) zB: $\sqrt{50} = \sqrt{5^2 + 5^2} \approx 7{,}1$
c) $-\sqrt{2} = -\sqrt{1^2 + 1^2} \approx -1{,}4$
d) zB: $-\sqrt{8} = -\sqrt{2^2 + 2^2} \approx -2{,}8$
e) zB: $-\sqrt{50} = -\sqrt{5^2 + 5^2} \approx -7{,}1$
f) zB: $\sqrt{72} = \sqrt{6^2 + 6^2} \approx 8{,}5$
g) zB: $\sqrt{18} = \sqrt{3^2 + 3^2} \approx 4{,}2$
h) zB: $-\sqrt{18} = -\sqrt{3^2 + 3^2} \approx -4{,}2$
i) zB: $-2 \cdot \sqrt{32} = -\sqrt{128} = -\sqrt{8^2 + 8^2} \approx -11{,}3$
j) $3 \cdot \sqrt{18} = \sqrt{162} = \sqrt{9^2 + 9^2} \approx 12{,}7$
k) zB: $2 \cdot \sqrt{8} = \sqrt{32} = \sqrt{4^2 + 4^2} \approx 5{,}7$
l) $-3 \cdot \sqrt{2} = -\sqrt{18} = -\sqrt{3^2 + 3^2} \approx -4{,}2$

K 77 Vergleiche mit Buch Seite 24!

a) $\sqrt{10} = \sqrt{3^2 + 1^2} \approx 3{,}2$

b) $\sqrt{11} = \sqrt{6^2 - 5^2} \approx 3{,}3$

c) $\sqrt{12} = \sqrt{4^2 - 2^2} \approx 3{,}5$

d) $\sqrt{13} = \sqrt{7^2 - 6^2} \approx 3{,}6$

e) zB: $\sqrt{17} = \sqrt{4^2 + 1^2} \approx 4{,}1$

f) zB: $\sqrt{29} = \sqrt{5^2 + 2^2} \approx 5{,}4$

g) zB: $5 \cdot \sqrt{3} = \sqrt{75} = \sqrt{10^2 - 5^2} \approx 8{,}7$

h) zB: $3 \cdot \sqrt{10} = \sqrt{90} = \sqrt{9^2 + 3^2} \approx 9{,}5$

i) zB: $3 \cdot \sqrt{7} = \sqrt{63} = \sqrt{8^2 - 1^2} \approx 7{,}9$

j) zB: $2 \cdot \sqrt{17} = \sqrt{68} = \sqrt{8^2 + 2^2} \approx 8{,}2$

k) zB: $3 \cdot \sqrt{19} = \sqrt{171} = \sqrt{14^2 - 5^2} \approx 13{,}1$

l) zB: $2 \cdot \sqrt{61} = \sqrt{244} = \sqrt{12^2 + 10^2} \approx 15{,}6$

K 78 a) Wähle zB: $\overline{01} = 1$ cm!

$\sqrt{5} \triangleq 2{,}2$ cm; $\sqrt{27} \triangleq 5{,}2$ cm; $-\sqrt{5} \triangleq -2{,}2$ cm

b) Wähle zB: $\overline{01} = 4$ cm!

$\sqrt{2} \triangleq 5{,}7$ cm; $\sqrt{2{,}5} \triangleq 6{,}3$ cm; $\sqrt{1{,}25} \triangleq 4{,}5$ cm

c) Wähle zB: $\overline{01} = 5$ mm!

$\sqrt{40} \triangleq 32$ mm; $-\sqrt{53} \triangleq -36$ mm; $-\sqrt{45} \triangleq -34$ mm

d) Wähle zB: $\overline{01} = 5$ mm!

$-\sqrt{58} \triangleq -38$ mm; $\sqrt{55} \triangleq 37$ mm; $-\sqrt{73} \triangleq -43$ mm

e) Wähle zB: $\overline{01} = 5$ mm!

$\sqrt{45} \triangleq 34$ mm; $-\sqrt{26} \triangleq -25$ mm; $\sqrt{70} \triangleq 42$ mm

f) Wähle zB: $\overline{01} = 1$ mm!

$\sqrt{800} \triangleq 28$ mm; $\sqrt{1\,200} \triangleq 35$ mm; $\sqrt{500} \triangleq 22$ mm

K 79 Compare with your book, page 24!

a) $x = \sqrt{2.4^2 + 1.6^2}$ cm ≈ 2.9 cm

b) $x = \sqrt{2.4^2 - 1.6^2}$ cm ≈ 1.8 cm

c) $x = \sqrt{\frac{2.4^2}{4} + 1.6^2}$ cm $= \sqrt{1.2^2 + 1.6^2}$ cm ≈ 2 cm

d) $x = \sqrt{9 \cdot 2.4^2 - 4 \cdot 1.6^2}$ cm $= \sqrt{7.2^2 - 3.2^2}$ cm ≈ 6.4 cm

e) $x = \sqrt{9 \cdot 2.4^2 + 1.6^2}$ cm $= \sqrt{7.2^2 + 1.6^2}$ cm ≈ 7.4 cm

f) $x = \sqrt{4 \cdot 2.4^2 - \frac{1.6^2}{4}}$ cm $= \sqrt{4.8^2 - 0.8^2}$ cm ≈ 4.7 cm

K 80 a) $\overline{AC} = \sqrt{2} = \sqrt{1^2 + 1^2}$; $\overline{AD} = \sqrt{3} = \sqrt{1^2 + (\sqrt{2})^2}$; $\overline{AE} = \sqrt{4} = \sqrt{1^2 + (\sqrt{3})^2}$;
$\overline{AF} = \sqrt{5} = \sqrt{1^2 + (\sqrt{4})^2}$

b), c) $\overline{AC} \approx 1{,}4$ cm; $\overline{AD} \approx 1{,}7$ cm; $\overline{AE} = 2$ cm; $\overline{AF} \approx 2{,}2$ cm;

d) arbeite genau

81 Die Zahlen 0 bis 12 sind kleiner als $\sqrt[3]{2000}$.

82 a) $2 < \sqrt[3]{10} < 3$ c) $3 < \sqrt[3]{60} < 4$ e) $4 < \sqrt[3]{100} < 5$

b) $2 < \sqrt[3]{25} < 3$ d) $4 < \sqrt[3]{82} < 5$ f) $5 < \sqrt[3]{150} < 6$

83
1) 1; 1
2) 8; 2
3) 27; 3
4) 64; 4
5) 125; 5
6) 216; 6
7) 1000; 10
8) 8000; 20
9) 1000000; 100

84
a) 1) 8 2) 2 3) 2
b) 1) 27 2) 3 3) 3

85
a) 1) 8 2) 7 3) 100 4) 35 5) 9 6) 16

b) 1) $a \in \mathbb{R}, a \geq 0$
2) $a \in \mathbb{R}, a \geq 0$
3) $a \in \mathbb{R}$
4) $a \in \mathbb{R}$
5) $a \in \mathbb{R}$
6) $a \in \mathbb{R}$

86

x	8	27	3,375	19,683	0,000027	0,027	35,937	0,125
$\sqrt[3]{x}$	2	3	1,5	2,7	0,03	0,3	3,3	0,5

87
a) 1) 4,43 (4,431…)
2) 10,03 (10,033…)
3) 2,48 (2,482…)
4) 4,02 (4,020…)
5) 0,67 (0,669…)

b) 1) 5,13 (5,133…)
2) 2,08 (2,080…)
3) 2,92 (2,924…)
4) 6,46 (6,463…)
5) 0,22 (0,215…)

88
a) $s \approx$ 4.4 cm (4.44…)
b) $s \approx$ 4.6 cm (4.64…)
c) $s \approx$ 10.0 cm (9.99…)
d) $s \approx$ 21.5 cm (21.54…)

89
a) $s \approx$ 17,8 cm (17,77…)
b) $s \approx$ 16,8 cm (16,82…)
c) $s \approx$ 13,7 cm (13,73…)
d) $s \approx$ 55,0 cm (55,03…)

90
1) $x = 3{,}23\ldots$ ist irrational, da 5 keine Quadratzahl ist.
2) $a = -6$ ist rational, da 9 und 81 Quadratzahlen sind.
3) $z = 4{,}41\ldots$ ist irrational, da 2 keine Quadratzahl ist.
4) $b = 0$ ist rational, da gilt: $\sqrt{8} = 2\sqrt{2}$.
5) $u = 2{,}82\ldots$ ist irrational, da 2 keine Quadratzahl ist.

6) $t = 2\frac{1}{3}$ ist rational, da 4 eine Quadratzahl ist.

7) $r = 4{,}4$ ist rational, da 324 und 676 Quadratzahlen sind.
8) $s = 2{,}88$ ist rational, da $1{,}92 \cdot 4{,}32 = 8{,}2944$ und 82944 eine Quadratzahl ist.

91
a) three integers: –1; 0; 1
b) one integer: 0
c) nine integers: –4; –3; –2; –1; 0; 1; 2; 3; 4
d) four integers: 11; 12; 13; 14

92
1) richtig
2) falsch; jede ganze Zahl ist eine rationale Zahl
3) richtig
4) richtig
5) falsch; 0 ist keine positive ganze Zahl

93 1) falsch; es gibt keine kleinste positive rationale Zahl
2) richtig
3) richtig
4) falsch; es gibt keine größte reelle Zahl
5) falsch; es gibt keine kleinste positive reelle Zahl
6) richtig

94 zB: a) [–3; 5]; Einheitsstrecke 1 cm!

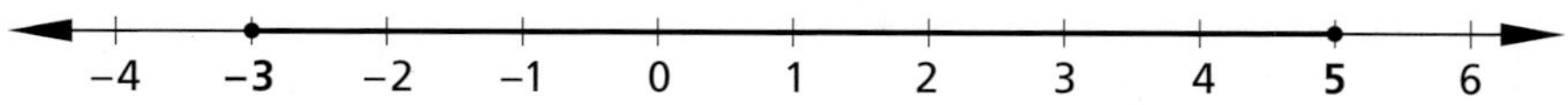

b) [0; 17]; Einheitsstrecke 5 mm!

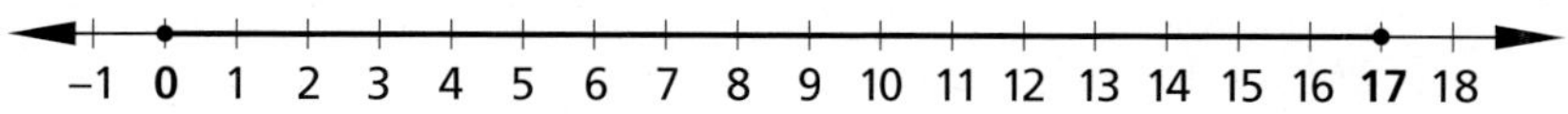

c)] –4,5; –0,5 [; Einheitsstrecke 1 cm!

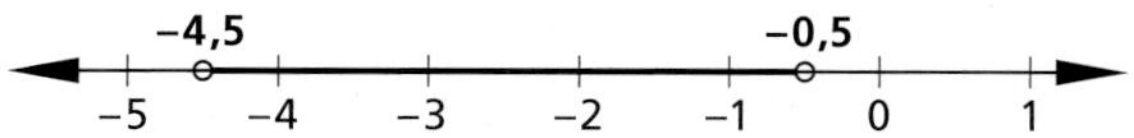

d) [–200; 350 [; wähle für 0 bis 100 eine Strecke mit der Länge 1 cm!

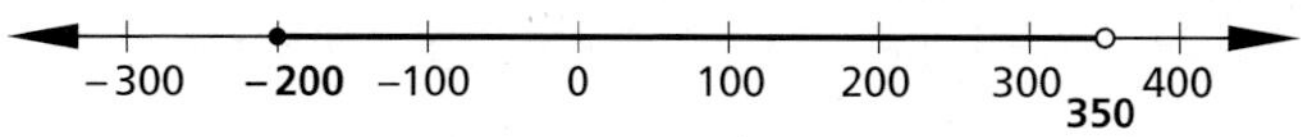

e)] 0,6; 4]; Einheitsstrecke 3 cm!

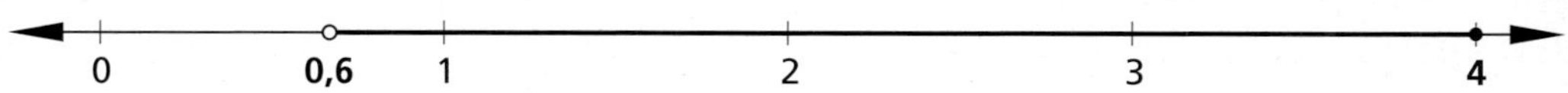

K **95** a)] –3; 3 [c)] –2,5; 2,5 [e)] –3,5; 3,5 [
b) [–4; 4] d) [–3,2; 3,2] f) [–1,5; 1,5]

96 a) $1 < x \leq 4$ c) $|u| \leq 3$
b) $-30 < y < 0$ d) $v \leq 0$

97 bis **107** Siehe Buch Seite 274!

108 zB: a) 3y – z, 3 – zy, 3 (z – y) b) y + z : 3, (y + z) : 3, z : (y + 3)

109

	1)	2)	3)	4)	5)	6)
a)	5	– 7	$-\frac{1}{4}$	$\frac{1}{2}$	0,875	–1,3
b)	–13	–5	$-9\frac{1}{2}$	–10	–10,25	–8,8
c)	0	14	5	4	3,5	6,4
d)	0	0	0	0	0	0

110 a) 1) $T(z) = \frac{5}{z-1}$; $z \in \mathbb{R}, z \neq 1$ 2) $D = \mathbb{R} \setminus \{1\}$

b) 1) $T(y) = \frac{4}{y}$; $y \in \mathbb{R}, y \neq 0$ 2) $D = \mathbb{R} \setminus \{0\}$

c) 1) $T(z) = \frac{z+1}{z+3}$; $z \in \mathbb{R}, z \neq -3$ 2) $D = \mathbb{R} \setminus \{-3\}$

d) 1) $T(x) = \frac{8}{3-x}$; $x \in \mathbb{R}, x \neq 3$ 2) $D = \mathbb{R} \setminus \{3\}$

e) 1) $T(y) = \frac{3y}{3-y}$; $y \in \mathbb{R}, y \neq 3$ 2) $D = \mathbb{R} \setminus \{3\}$

f) 1) $T(x) = \frac{4}{2x-1}$; $x \in \mathbb{R}, x \neq \frac{1}{2}$ 2) $D = \mathbb{R} \setminus \left\{\frac{1}{2}\right\}$

g) 1) $T(a) = \frac{8a}{3a+1}$; $a \in \mathbb{R}, a \neq -\frac{1}{3}$ 2) $D = \mathbb{R} \setminus \left\{-\frac{1}{3}\right\}$

h) 1) $T(b) = \frac{5b}{3b-2}$; $b \in \mathbb{R}, b \neq \frac{2}{3}$ 2) $D = \mathbb{R} \setminus \left\{\frac{2}{3}\right\}$

i) 1) $T(n) = \frac{6}{4n+3}$; $n \in \mathbb{R}, n \neq -\frac{3}{4}$ 2) $D = \mathbb{R} \setminus \left\{-\frac{3}{4}\right\}$

j) 1) $T(m) = \frac{8}{2-3m}$; $m \in \mathbb{R}, m \neq \frac{2}{3}$ 2) $D = \mathbb{R} \setminus \left\{\frac{2}{3}\right\}$

k) 1) $T(z) = \frac{2}{3z-4}$; $z \in \mathbb{R}, z \neq \frac{4}{3}$ 2) $D = \mathbb{R} \setminus \left\{\frac{4}{3}\right\}$

l) 1) $T(u) = \frac{5}{-2u-4}$; $u \in \mathbb{R}, u \neq -2$ 2) $D = \mathbb{R} \setminus \{-2\}$

111 zB: a) $\frac{2}{x+3}$ b) $\frac{a}{2-a}$ c) $\frac{3}{c}$ d) $\frac{5f}{3-2f}$ e) $\frac{x-3}{2x-1}$ f) $\frac{4x}{10x+3}$ g) $\frac{3-4y}{3+4y}$

112 a) $a \neq b$ c) $2a \neq b$ e) $a \neq -5b$ g) $a \neq -\frac{2}{5}b$ i) $a \neq -\frac{5}{2}b$ k) $a \neq \frac{5}{2}b$

b) $a \neq -b$ d) $a \neq -3b$ f) $a \neq \frac{3}{2}b$ h) $2a \neq b$ j) $a \neq -\frac{5}{2}b$ l) $a \neq 2b$

113 a) $\frac{3}{4}a$ c) $\frac{20}{100}a$ e) $a + \frac{5}{100}a = 1{,}05a$ g) $a - \frac{10}{100}a = 0{,}9a$ i) $\frac{1}{2} \cdot \frac{20}{100}a = \frac{a}{10}$

b) $\frac{5}{8}a$ d) $\frac{43}{100}a$ f) $a + \frac{17}{100}a = 1{,}17a$ h) $a - \frac{1}{100}a = 0{,}99a$ j) $\frac{50}{100} \cdot \frac{50}{100}a = \frac{a}{4}$

114 zB: $T(x) = \frac{3x+45}{x}$

a) $T(2) = 25\frac{1}{2}$; $T(3) = 18$; $T(4) = 14\frac{1}{4}$; $T(5) = 12$

b) 1) $\frac{3x+45}{x} = 8 \Rightarrow x = 9$ 2) $\frac{3x+45}{x} = 4 \Rightarrow x = 45$

115 $(1{,}2 \cdot P) \cdot 0{,}9 = 1{,}08\,P$; $(0{,}9 \cdot P) \cdot 1{,}2 = 1{,}08\,P$

116 1) $a \cdot \frac{p}{100} + b \cdot \frac{q}{100}$

2) Die Maschine produziert insgesamt 140 fehlerhafte Werkstücke.

117 a) 1) $0{,}92 \cdot L$ 2) $0{,}92^2 \cdot L \approx 0{,}85 \cdot L$ 3) $0{,}92^3 \cdot L \approx 0{,}78 \cdot L$ 4) $0{,}92^n \cdot L$

b) … nach 5 Glasscheiben.

118 a) 1) (a + 2) km 2) (a + 20) km 3) (a + 2t) km

b) 1) (298 – a) km 2) (280 – a) km 3) (300 – a – 2t) km

c) 1) … um 12:25 Uhr 2) … um 13:40 Uhr

119 a) $-2a - 7b$; Probe: -11 c) $-3a + 11b$; Probe: 5

b) $8a - 4b$; Probe: 12 d) $-10b$; Probe: -10

120 a) $10v + w$: Probe: 23 c) $-11w$; Probe: -33

b) $2v + w$; Probe: 7 d) $5v + 4w$; Probe: 22

121 a) $\frac{3x+29y}{20}$; Probe: $\frac{67}{20}$ c) $\frac{131x}{42}$; Probe: $\frac{131}{14}$ e) $\frac{36x-27y}{20}$; Probe: $\frac{27}{10}$

b) $\frac{-3x+2y}{20}$; Probe: $-\frac{1}{4}$ d) $\frac{31x+88y}{72}$; Probe: $\frac{269}{72}$ f) $\frac{11x+y}{6}$; Probe: $\frac{35}{6}$

122 a) $2a^2$ b) $-\frac{1}{5}a^2$ c) $-\frac{1}{2}b^3$ d) $\frac{c^3}{8}$ e) $-\frac{1}{10}d^2$ f) c^3 g) $\frac{2}{3}d^2$ h) $-\frac{1}{2}e^3$

123 a) a^{12} b) b^6 c) $4c^6$ d) $25d^4e^2$ e) $-27c^6$ f) $4c^2d^4$ g) $-27c^6d^3$ h) $-64c^6d^6$

124 1) $-8a^3$ 2) $-2a^3$ 3) $-8a^3$ 4) $2a^3$ 5) $8a^3$ 6) $2a^3$ 7) $8a$ 8) $2a^3$

125 a) $21a^3b^4$ b) $10a^6b^2$ c) $-10a^3b^5$ d) $12a^2b^5$ e) $8a^4b^3$ f) $-24a^8b^6$

126 a) $6x^3$ b) $12v^2$ c) $-\frac{z^2}{4}$ d) $\frac{65}{8}y^3$ e) $-3v^2$ f) $\frac{10}{9}u^2$ g) $\frac{15}{4}z^2$ h) $-\frac{63}{8}z^3$

127 a) $6a + 3b - 4c$; Probe: 0
b) $-12a + 2b - 4c$; Probe: -20
c) $-a^2 + 2ab - \frac{1}{3}ac$; Probe: 2
d) $\frac{1}{6}ac + bc - \frac{5}{12}c^2$; Probe: $\frac{11}{4}$
e) $a^3 - \frac{2}{3}a^2 + \frac{1}{3}a$; Probe: $\frac{2}{3}$
f) $\frac{1}{2}a^4 - 2a^3 + \frac{1}{2}a^2 - \frac{5}{2}a$; Probe: $-\frac{7}{2}$

128 a) $15x^2 + 13x + 2$: Probe: 88
b) $3y^2 - 7y - 20$; Probe: -14
c) $2x^2 + 5xy + 3y^2$; Probe: 65
d) $28x^2 - 15xy + 2y^2$; Probe: 40
e) $-6x^2 - 23xy - 20y^2$; Probe: -342
f) $6x^2 + 13xy - 5y^2$; Probe: 57

129 a) $3a^8 + a^6 + 6a^5 + 2a^3$; Probe: 1 040
b) $-12a^4 - 7a^3 + 10a^2$; Probe: -208
c) $2a^7 - 6a^5 - a^4 + 3a^2$; Probe: 60
d) $-3a^8 - 4a^7 - 6a^4 - 8a^3$; Probe: $-1\,440$
e) $-8a^6 - 8a^4 - 2a^2$; Probe: -648
f) $20a^5 - 10a^4 - 8a^3 + 4a^2$; Probe: 432

130 a) $10p^2 + 13pq - 20pr - 3q^2 + 4qr$; Probe: $14\frac{1}{4}$
b) $6pq + 21pr - 2q^2 + 3qr + 35r^2$; Probe: 84
c) $p^3 + q^3$; Probe: $8\frac{1}{8}$
d) $p^3 - q^3$; Probe: $7\frac{7}{8}$
e) $-p^3 + 3p^2q - 3pq^2 + q^3$; Probe: $-3\frac{3}{8}$
f) $p^3 - p^2q - pq^2 + q^3$; Probe: $5\frac{5}{8}$

131 a) $-3a^2 - 4ab + 8\frac{3}{4}b^2$; Probe 24
b) $-a^2 + 10ab - b^2$; Probe: 15
c) $15a^2 + 46ab + 16b^2$; Probe: 171
d) $13a^2 - 58ab + 74b^2$; Probe: 193
e) $29a^2 - 34ab + 10b^2$; Probe: 1
f) $12a^2 - 28ab + 8b^2$; Probe: -12

132 a) $4a^4 + 4a^2b + b^2$ b) $9a^4 - 12a^2b^2 + 4b^4$ c) $4a^6 - 4a^3 + 1$

133 a) $25a^2 - 9b^2$ b) $a^4 - b^2$ c) $4 - 9b^6$

134 a) $-35y + 14$ b) $-30xy + 4y^2$ c) $-18z + 34$ d) $21u^2 + 61uv - 3v^2$

135 a) $(x - 5)^2$ b) $(y + 4)^2$ c) $\left(z + \frac{7}{2}\right)^2$ d) $(3t - 5)^2$ e) $\left(\frac{1}{2}u + 2\right)^2$ f) $\left(3v - \frac{1}{3}\right)^2$

136 a) $(3x + 7)^2 = 9x^2 + 42x + 49$

b) $(6y - 4)^2 = 36y^2 - 48y + 16$

c) $(2z + 8)^2 = 4z^2 + 32z + 64$

d) $(18s - 2)^2 = 324s^2 - 72s + 4$

e) $\left(5a + \frac{1}{2}\right)^2 = 25a^2 + 5a + \frac{1}{4}$

f) $(5 - 3b)^2 = 25 - 30b + 9b^2$

g) $(7a^2 + 2b^2)^2 = 49a^4 + 28a^2b^2 + 4b^4$

h) $\left(\frac{1}{2}a^3 + b^3\right)^2 = \frac{1}{4}a^6 + a^3b^3 + b^6$

137 a) 1) $a = 5, b = 3$ 3) $a = 7, b = 5$ 5) $a = 8, b = 3$
2) $a = 6, b = 4$ 4) $a = 6, b = 3$ 6) $a = 15, b = 12$

b) weil 14, 26 und 30 nicht die Differenz zweier Quadratzahlen sein können.

138 a) 1) $51 \cdot 49 = (50 + 1) \cdot (50 - 1) = 50^2 - 1^2 = 2500 - 1 = 2499$
2) $78 \cdot 82 = (80 - 2) \cdot (80 + 2) = 80^2 - 2^2 = 6400 - 4 = 6396$
3) $33 \cdot 27 = (30 + 3) \cdot (30 - 3) = 30^2 - 3^2 = 900 - 9 = 891$
4) $102 \cdot 98 = (100 + 2) \cdot (100 - 2) = 100^2 - 2^2 = 10000 - 4 = 9996$
5) $94 \cdot 86 = (90 + 4) \cdot (90 - 4) = 90^2 - 4^2 = 8100 - 16 = 8084$

b) zB: $44 \cdot 36 = (40 + 4) \cdot (40 - 4) = 40^2 - 4^2 = 1600 - 16 = 1584$

139 1)

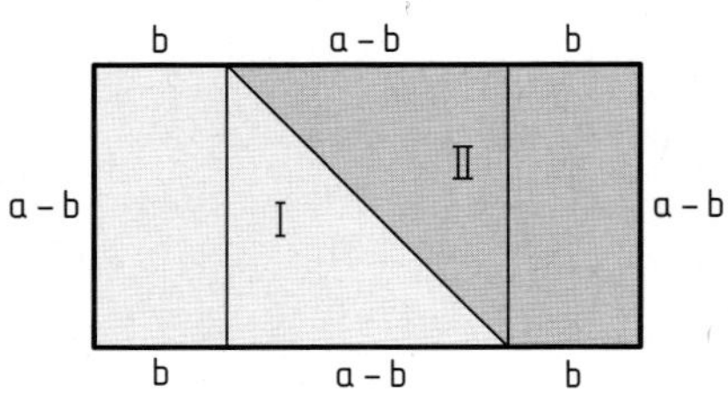

2) $A_I = A_{II}$

$A_g = 2 \cdot A_I$

$A_g = 2 \cdot \left[b \cdot (a - b) + \frac{(a - b)^2}{2}\right]$

$A_g = 2 \cdot \left(ab - b^2 + \frac{a^2 - 2ab + b^2}{2}\right)$

$A_g = a^2 - b^2$

140 a) $(a + b)^3 = (a^2 + 2ab + b^2)(a + b) = a^3 + 3a^2b + 3ab^2 + b^3$

b) $(a - b)^3 = (a^2 - 2ab + b^2)(a - b) = a^3 - 3a^2b + 3ab^2 - b^3$

141 a) $x^3 + 3x^2 + 3x + 1$

b) $-x^3 + 3x^2 - 3x + 1$

c) $y^3 - 6y^2 + 12y - 8$

d) $x^3 + 9x^2 + 27x + 27$

e) $-b^3 + 12b^2 - 48b + 64$

f) $-c^3 - 3c^2d - 3cd^2 - d^3$

g) $e^3 + 6e^2f + 12ef^2 + 8f^3$

h) $8a^3 + 36a^2b + 54ab^2 + 27b^3$

i) $-27a^3 + 108a^2b - 144ab^2 + 64b^3$

j) $u^3 - 12u^2v + 48uv^2 - 64v^3$

k) $125r^3 - 225r^2s + 135rs^2 - 27s^3$

l) $-64r^3 - 96r^2s - 48rs^2 - 8s^3$

K **142** 1) Beachte die Vorzeichen!

2) zB: a) $\ldots = (x + c)^2 = x^2 + 2xc + c^2 = (a + b)^2 + 2(a + b)c + c^2 =$
$= a^2 + 2ab + b^2 + 2ac + 2bc + c^2 = \ldots$

b) $\ldots = (x - c)^2 = x^2 - 2xc + c^2 = (a + b)^2 - 2(a + b)c + c^2 =$
$= a^2 + 2ab + b^2 - 2ac - 2bc + c^2 = \ldots$

143 a) $4x^2 + y^2 + 9z^2 + 4xy + 12xz + 6yz$

b) $25x^2 + 4y^2 + z^2 + 20xy - 10xz - 4yz$

c) $x^2 + 4y^2 + 9z^2 - 4xy - 6xz + 12yz$

d) $9x^2 + 4y^2 + z^2 - 12xy + 6xz - 4yz$

144 zB: 1) $m = 5, n = 3 \Rightarrow u = 30, v = 16, w = 34$
$30^2 + 16^2 = 900 + 256 = 1156 = 34^2$

2) $\underline{u^2 + v^2} = (2mn)^2 + (m^2 - n^2)^2 = 4m^2n^2 + m^4 - 2m^2n^2 + n^4 =$
$= m^4 + 2m^2n^2 + n^4 = (m^2 + n^2)^2 = \underline{w^2}$

145 zB: a) $4^2 = 16$, $(-10)^2 = 100$, $16^2 = 256$
$(2n)^2 = 4n^2 = 2n^2 \cdot 2$ … gerade ($n \in \mathbb{Z}$)
b) $5^2 = 25$, $(-9)^2 = 81$, $(-25)^2 = 625$
$(2n + 1)^2 = 4n^2 + 4n + 1 = (2n^2 + 2n) \cdot 2 + 1$ … ungerade ($n \in \mathbb{Z}$)
c) $(-6) + (-5) + (-4) = -15 = (-5) \cdot 3$; $18 + 19 + 20 = 57 = 19 \cdot 3$;
$(-1) + 0 + 1 = 0 = 0 \cdot 3$
$n, n + 1, n + 2$ ($n \in \mathbb{Z}$):
$n + n + 1 + n + 2 = 3n + 3 = (n + 1) \cdot 3$ … durch 3 teilbar

146 zB: a) $-13, 18$ … $(-13 + 18) + (-13 - 18) = -26 = 2 \cdot (-13)$
$-8, -7$ … $(-8 + (-7)) + (-8 - (-7)) = -16 = 2 \cdot (-8)$
$19, 37$ … $(19 + 37) + (19 - 37) = 38 = 2 \cdot 19$
a, b: $(a + b) + (a - b) = 2 \cdot a$
b) $3 + 4 + 5 + 6 = 18$; $(-8) + (-7) + (-6) + (-5) = -26$;
$(-2) + (-1) + 0 + 1 = -2$
$z, z + 1, z + 2, z + 3$ ($z \in \mathbb{Z}$):
$z + z + 1 + z + 2 + z + 3 = 4z + 6 = (2z + 3) \cdot 2$ … gerade
c) $4 \cdot 7 = 28$; $(-5) \cdot 8 = -40$; $3 \cdot 20 = 60$
$2x, 2z + 1$ ($x, z \in \mathbb{Z}$):
$2x \cdot (2z + 1) = 4xz + 2x = (2xz + x) \cdot 2$ … gerade

147 a) $4(u + v)$ b) $r(x + y)$ c) $2{,}3(r - s)$ d) $s(v - w)$

148 a) $6xy^3 (x + 3y^2)$ b) $7pq^2 (5q - 4p^2)$ c) $5v^3w (5vw + 3)$

149 a) $a(a + 1)$ b) $a^2(a - 1)$ c) $a^2(a^2 + 1)$ d) $a(a + 1)(a - 1)$

150 a) $4e(e^2 + 3e - 2)$ b) $7f(f^2 - 4f + 3)$ c) $6(3q^3 + 2q^2 - 1)$

151 a) $(g - h) [(e + f) - (3f - 2e)] = (g - h) (3e - 2f)$
b) $(r + 2s) [(5 - 2s) - (s + 4)] = (r + 2s) (1 - 3s)$
c) $(2x - 3y) [(7r - 3s) + (2s - 3r)] = (2x - 3y) (4r - s)$
d) $(5s - t) [(t + 2s) - (s + 2t)] = (5s - t) (s - t)$

152 a) $(s + 2) [(s + 2) - (2s - 3)] = (s + 2) (5 - s)$
b) $(r - 2) [(r - 2) (r + 3) + (2r + 1) (3r - 2)] = \ldots = (r - 2) (7r^2 - 8)$
c) $2(y - 2z)^2 [2(y - 2z) - (5y + z)] = \ldots = 2(y - 2z)^2 (-3y - 5z)$
d) $(2x - 3)^2 [2(2x - 3) + 5(x + 4)] = \ldots = (2x - 3)^2 (9x + 14)$

153 a) $2(x + 5) (3a^2 + 1)$ c) $(7x + 5y) (x + 3)$
b) $(u - v)^2 (u + v)$ d) $(3a - 1) (2a + 3b)$

154 a) $5 \cdot (y + 2)$ b) $8 \cdot (q - 2p)$ c) $5a \cdot (2a + 1)$ d) $x \cdot (x^2 + x - 4)$

K **155** a) bis d) Durch Ausmultiplizieren und Zusammenfassen der rechten Seite erhält man die linke Seite.

156 a) $(6v + 5w) (6v - 5w)$ e) $\left(\frac{1}{2}y + 2z\right) \left(\frac{1}{2}y - 2z\right)$
b) $(9u + 4v) (9u - 4v)$ f) $\left(3z + \frac{1}{3}t\right) \left(3z - \frac{1}{3}t\right)$
c) $(7s + t) (7s - t)$ g) $(x + 5y) (x - 5y)$
d) $(r + 8s) (r - 8s)$ h) $\left(\frac{x}{2} + \frac{y}{3}\right) \left(\frac{x}{2} - \frac{y}{3}\right)$

157

a) $2(2u + v)(2u - v)$
b) $3(3v + w)(3v - w)$
c) $10(2k + 3n)(2k - 3n)$
d) $5(5m + 6n)(5m - 6n)$
e) $3(3r + 2s)(3r - 2s)$
f) $5(s + 4t)(s - 4t)$
g) $5(2a + 3b)(2a - 3b)$
h) $3(4c + 5d)(4c - 5d)$

158

a) $(c - 2)(c^2 + 2c + 4)$
b) $(r - s)(r^2 + rs + s^2)$
c) $(d + 3)(d^2 - 3d + 9)$
d) $(2x + 3y)(4x^2 - 6xy + 9y^2)$
e) $(2a + 1)(4a^2 - 2a + 1)$
f) $(a - 4b)(a^2 + 4ab + 16b^2)$
g) $(4b - 1)(16b^2 + 4b + 1)$
h) $(5c + 6d)(25c^2 - 30cd + 36d^2)$

159

a) $(a^2 + 1)(a + 1)(a - 1)$
b) $(x^2 + y^2)(x + y)(x - y)$
c) $(4s^2 + 1)(2s + 1)(2s - 1)$
d) $(s^2 + 9t^2)(s + 3t)(s - 3t)$
e) $(t^2 + 9)(t + 3)(t - 3)$
f) $(4u^2 + 25v^2)(2u + 5v)(2u - 5v)$
g) $(4r^2 + 9)(2r + 3)(2r - 3)$
h) $(t^2 + 25w^2)(t + 5w)(t - 5w)$

160

a) nein; $8a + 8bc = 8(a + bc)$
b) nein; $20ab + 30b = 10b(2a + 3)$
c) ja
d) nein; $5xyz + 5y = 5y(xz + 1)$
e) nein; $2ax + 2by = 2(ax + by)$
f) nein; $16cd - 20c^2 = 4c(4d - 5c)$

161

$T_1(x, y) = T(x, y)$, da $(x + y)(x - y) = x^2 - y^2$
$T_2(x, y) = T(x, y)$, da $(x - y)(5x + 5y) = 5(x - y)(x + y) = 5(x^2 - y^2)$
$T_5(x, y) = T(x, y)$, da $5x^2 - 5y^2 = 5(x^2 - y^2)$

162

The expression $4(9x - 24)$ is an incorrect factorisation of $36x - 24$.

163

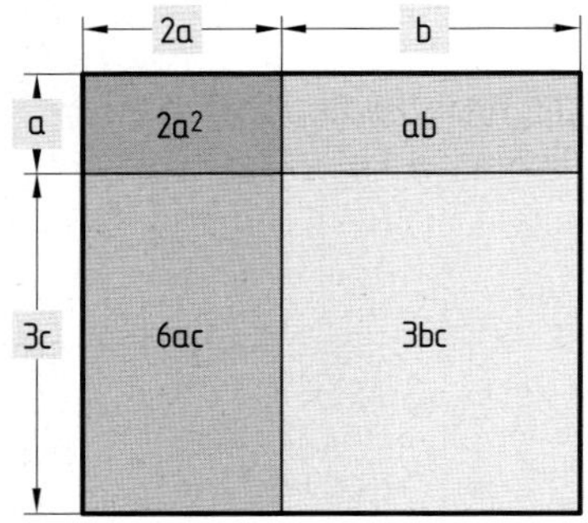

164

a) $16x^2 + 20xy = 4x(4x + 5y)$

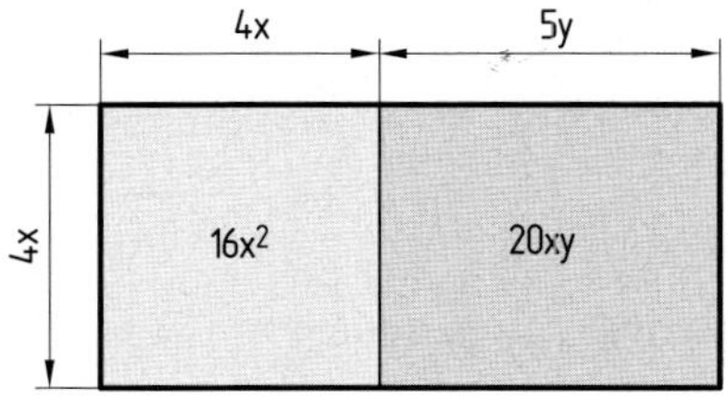

164 b) $4x^2 + 6xy + 2x = 2x(2x + 3y + 1)$

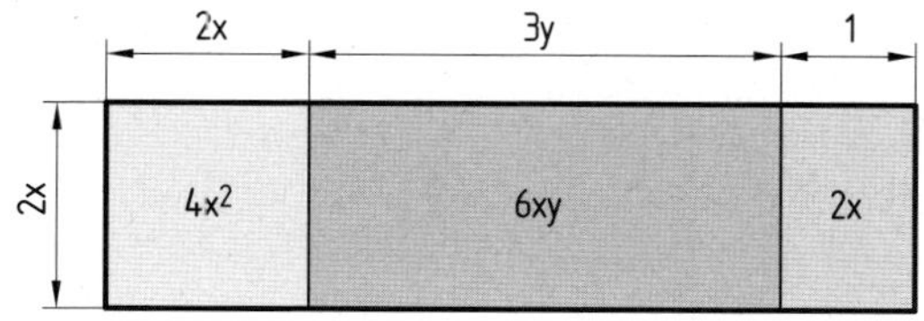

c) $9xy + 3y^2 + 12y = 3y(3x + y + 4)$

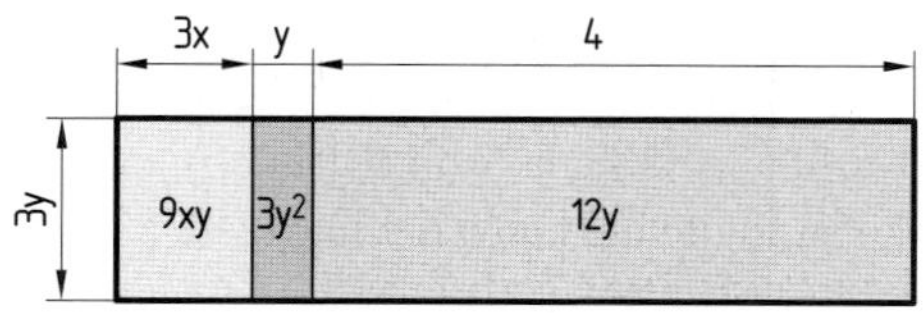

165 a) $x^2 + 2xy + y^2 = (x + y)^2$ b) $16a^2 + 8ab + b^2 = (4a + b)^2$ c) $25z^2 + 10z + 1 = (5z + 1)^2$

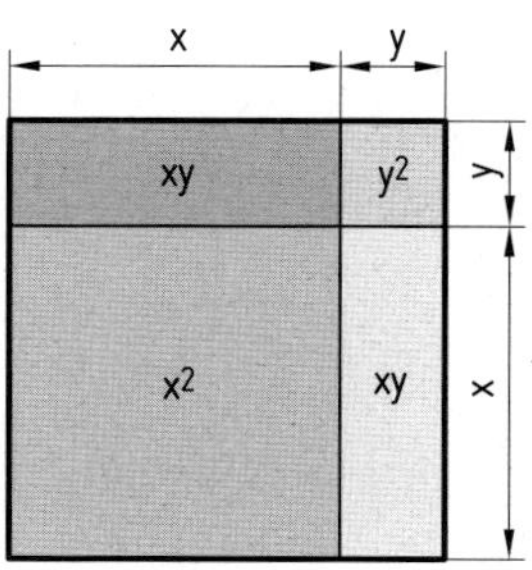

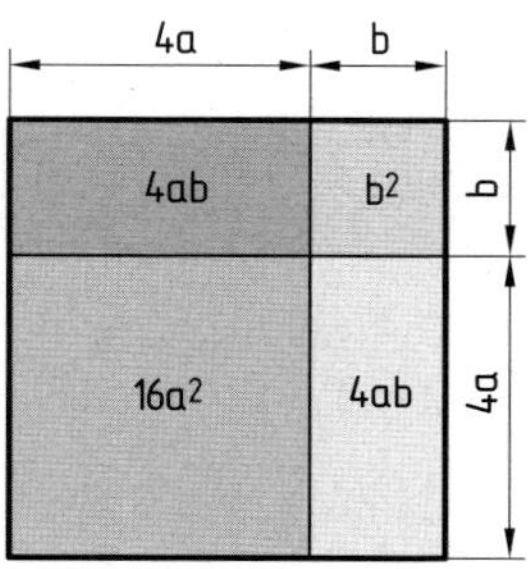

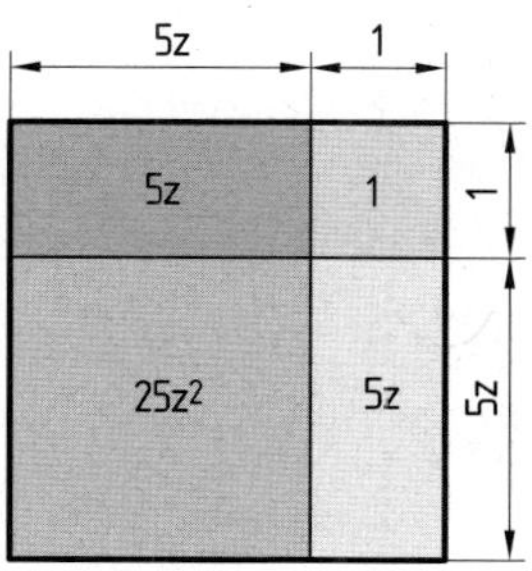

166 a) $a^2 + 8a + 15 = (a + 3)(a + 5)$ b) $z^2 + 9z + 20 = (z + 4)(z + 5)$

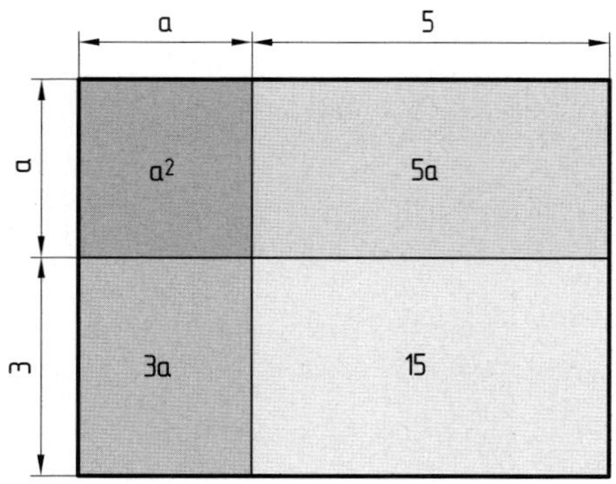

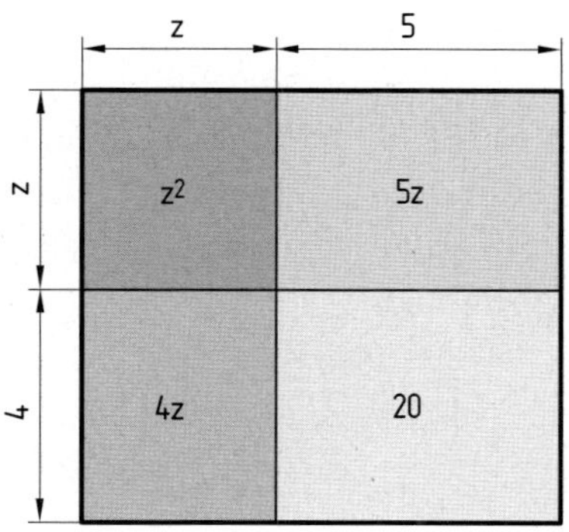

166 c) $12 + 7u + u^2 = (u + 3)(u + 4)$

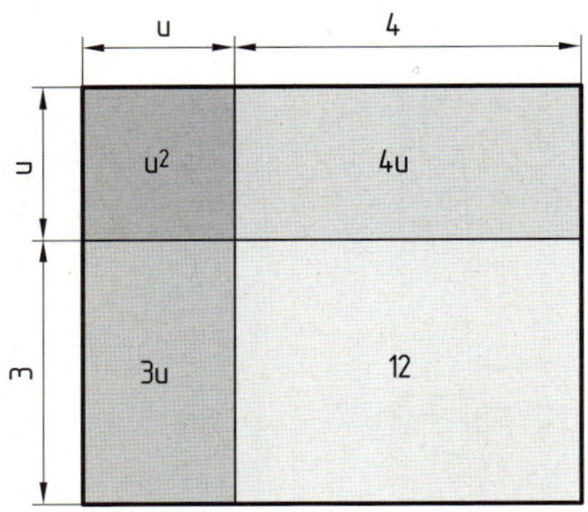

167 1) $a = 4x$, $b = 8y$
2) $a = x$, $b = 8x + 16$; or $a = 2x$, $b = 4x + 8$; or $a = 4x$, $b = 2x + 4$; or $a = 8x$, $b = x + 2$

168 zB: a) 1) $(2x - 3) \cdot \frac{1}{5} - (2x - 3) \cdot \frac{1}{4}$; A: $2x - 3$, B: $\frac{1}{5}$, C: $\frac{1}{4}$

2) $(2x - 3) \cdot \left(\frac{1}{5} - \frac{1}{4}\right)$; A: $2x - 3$, B: $\frac{1}{5}$, C: $\frac{1}{4}$

3) $\frac{(8x - 12) - (10x - 15)}{20}$; A: $8x - 12$, B: $10x - 15$, C: 20

4) $\frac{-2x + 3}{20}$; A: $-2x + 3$, B: 20

5) $(-2x + 3) \cdot \frac{1}{20}$; A: $-2x + 3$, B: $\frac{1}{20}$

b) 1) $(b - 1)a^2 - (b - 1) \cdot 1$; A: $b - 1$, B: a^2, C: 1
2) $(a^2 - 1)(b - 1)$; A: $a^2 - 1$, B: $b - 1$
3) $(a + 1)(a - 1)(b - 1)$; A: $a + 1$, B: $a - 1$, C: $b - 1$
4) $(a^2b - a^2) - (b - 1)$; A: $a^2b - a^2$, B: $b - 1$

c) 1) $(y^2 - 9z^2)4x^2 - (y^2 - 9z^2)u^2$; A: $y^2 - 9z^2$, B: $4x^2$, C: u^2
2) $(4x^2 - u^2)(y^2 - 9z^2)$; A: $4x^2 - u^2$, B: $y^2 - 9z^2$
3) $(2x + u)(2x - u)(y^2 - 9z^2)$; A: $2x + u$, B: $2x - u$, C: $y^2 - 9z^2$
4) $(2x + u)(2x - u)(y + 3z)(y - 3)$;
A: $2x + u$, B: $2x - u$, C: $y + 3z$, D: $y - 3z$

169 zB: a) $x(y + 3) + z$; $(x + 1)(y - 3) + 5b$
b) $3x(2y + 3z)$; $-5y(3z^2 + 1)$
c) $2x \cdot 5y - 2x \cdot y$; $(a + b)z - (a + b) \cdot \frac{1}{5}$
d) $8x^2 - (9x + 7)$; $2c^3 - (3z^2 + 5z)$
e) $(5x^2 + 3x)(3z + z^2)$; $(8x^3 + 1)(0{,}6 + x)$
f) $\left(\frac{3}{4}x^2 + \frac{1}{4}y^2\right) - (z^2 - 4)$; $(9z^2 + 7v^2) - \frac{3}{8}x^4$

170 III: $A(B + C)$ I: $C(A + B)$ II: $B(A + C)$ IV: $C(A + B + C)$

171 a) $y \neq 0$ und $y \neq -7$
b) $y \neq 0$ und $y \neq 1$
c) $y \neq 0$ und $y \neq -3$
d) $y \neq 0$ und $y \neq 4$
e) $y \neq 0$ und $y \neq -4$

172 a) $z \neq 0$ und $z \neq 1$
b) $z \neq 0$ und $z \neq -2$
c) $z \neq 0$ und $z \neq -\frac{3}{2}$
d) $z \neq 0$ und $z \neq \frac{1}{3}$
e) $z \neq 0$ und $z \neq -5$

173 a) $v \neq 2$ und $v \neq -4$ b) $v \neq 2$ und $v \neq \frac{2}{3}$ c) $v \neq -\frac{1}{2}$ und $v \neq \frac{3}{4}$ d) $v \neq -1$ und $v \neq 1$

174 a) $c \neq 0$ und $c \neq d$ b) $d \neq 0$ und $c \neq d$ c) $c \neq 2d$ d) $d \neq -3c$ e) $c \neq \frac{3}{2}d$

175 a) $f \neq 0$ und $e \neq 2f$ b) $f \neq -2e$ c) $e \neq -f$ d) $e \neq 2f$ und $e \neq -2f$ e) $f \neq 2e$ und $f \neq -2e$

176 a) x; $x \neq 0$ b) $\frac{1}{y^2}$; $y \neq 0$ c) $\frac{z}{3}$; $z \neq 0$ d) $\frac{u^2}{5}$; $u \neq 0$ e) $\frac{3}{4}$; $v \neq 0$ f) 1; $w \neq 0$

177 a) $\frac{1+x}{5x}$; $x \neq 0$ b) $1 + t$; $s \neq 0$ c) $\frac{2y-2}{3}$; $y \neq 0$ d) $\frac{3s+5t}{2}$; $t \neq 0$ e) $\frac{z+2}{3}$; $z \neq 0$ f) $\frac{4s-2t}{t}$; $s \neq 0$ und $t \neq 0$ g) $\frac{2-3t^2}{t}$; $t \neq 0$ h) $\frac{3x-4y}{2}$; $x \neq 0$ und $y \neq 0$

178 a) $\frac{x}{3(x-1)}$; $x \neq -3$ und $x \neq 1$ b) $\frac{3(x-2)}{x-1}$; $x \neq 1$ und $x \neq -3$ c) $3(x-7)$; $x \neq -2$

179 a) $\frac{y-3}{y}$; $y \neq 0$ und $y \neq -3$ b) $\frac{y}{2}$; $y \neq -1$ c) $\frac{7(y+2)}{4}$; $y \neq 2$ d) $\frac{z-3}{2}$; $z \neq 0$ und $z \neq -3$

180 a) $4qr$; $p \neq 0$ b) $6y$; $x \neq 0$ und $z \neq 0$ c) $3pr$; $q \neq 0$ d) $4z$; $x \neq 0$ und $y \neq 0$ e) $-2pq$; $r \neq 0$ f) $3x$; $y \neq 0$ und $z \neq 0$

181 a) $4f^2t^2$; $f \neq 0$ b) $20ft$; $f \neq 0$ und $t \neq 0$ c) $-5f^3t$; $t \neq 0$ d) $\frac{10t^2}{f}$; $f \neq 0$

182 a) $\frac{4u^2}{v}$; $u \neq 0$ und $v \neq 0$ b) $\frac{1}{u^2}$; $u \neq 0$ und $v \neq 0$ c) $\frac{3}{v}$; $u \neq 0$ und $v \neq 0$ d) $\frac{u^2v^2}{2}$; $u \neq 0$

183 a) $\frac{2}{k}$; $k \neq 0$; Probe zB für $k = 3$: $\frac{2}{3}$
b) 0; $x \neq 0$; Probe zB für $x = 2$: 0

184 a) $\frac{2k+2m-r}{4k}$; $k \neq 0$; Probe zB für $k = 2$, $m = 1$, $r = 3$: $\frac{3}{8}$
b) $\frac{9}{2v}$; $v \neq 0$ und $w \neq 0$; Probe zB für $v = 3$, $w = 2$: $\frac{3}{2}$

185 a) $\frac{2x-5}{x-5}$; $x \neq 5$; Probe zB für $x = 6$: 7
b) $\frac{12x-17}{x+7}$; $x \neq -7$; Probe zB für $x = 2$: $\frac{7}{9}$

186 a) $\frac{3}{2}$; $z \neq \frac{5}{2}$; Probe zB für $z = 2$: $\frac{3}{2}$
b) $\frac{3}{4}$; $z \neq \frac{1}{3}$; Probe zB für $z = 1$: $\frac{3}{4}$

187 a) $\frac{4}{u+3}$; $u \neq -3$; Probe zB für $u = 1$: 1
b) $\frac{-2v-4}{v^2-1}$; $v \neq 1$ und $v \neq -1$; Probe zB für $v = 2$: $-\frac{8}{3}$

188 a) 5; $x \neq -y$; Probe zB für $x = 1$, $y = 2$, $z = 3$: 5
b) 2; $s \neq 2$; Probe zB für $s = 3$, $t = 1$: 2

189 a) $84x^3y^3$ b) $135a^3b^3$ c) $60u^3v^4$

190 a) $40(x + 2)$ b) $xy^2(x + y)$

191 a) $a(a + 4)(a^3 - 64)$ b) $y^3(y^2 - 1)$

192 a) $\frac{x + y + z}{xyz}$; x, y, z $\neq$ 0; Probe zB für x = 3, y = 2, z = 4: $\frac{3}{8}$

b) $\frac{x^2z + xy^2 + yz^2}{xyz}$; x, y, z $\neq$ 0; Probe zB für x = 2, y = –1, z = 3: $-\frac{5}{6}$

c) $\frac{x^2y^2 + x^2z^2 + y^2z^2}{xyz}$; x, y, z $\neq$ 0; Probe zB für x = –1, y = 2, z = 4: $-\frac{21}{2}$

d) $\frac{x^2 + y^2 + z^2}{xyz}$; x, y, z $\neq$ 0; Probe zB für x = 2, y = 3, z = 4: $\frac{29}{24}$

193 a) $\frac{53}{42u}$; u $\neq$ 0; Probe zB für u = 3: $\frac{53}{126}$

b) $-\frac{5}{6u}$; u $\neq$ 0; Probe zB für u = 10: $-\frac{1}{12}$

c) $-\frac{5}{6u}$; u $\neq$ 0; Probe zB für u = 5: $-\frac{1}{6}$

d) $\frac{u + 3v}{4u}$; u $\neq$ 0; Probe zB für u = 2, v = 3: $\frac{11}{8}$

194 a) $\frac{5x - 9}{x - 2}$; x $\neq$ 2; Probe zB für x = 3: 6

b) $\frac{4x - 1}{x}$; x $\neq$ 0; Probe zB für x = 2: $\frac{7}{2}$

c) $\frac{3x + 14}{x + 5}$; x $\neq$ –5; Probe zB für x = 2: $\frac{20}{7}$

d) $\frac{3x - 7}{5 - x}$; x $\neq$ 5; Probe zB für x = 2: $-\frac{1}{3}$

195 a) $\frac{11y + 33}{(2y + 5)(3 - y)}$; y $\neq$ 3 und y $\neq -\frac{5}{2}$; Probe zB für y = 2: $\frac{55}{9}$

b) $\frac{3y^2 + 3y + 2}{y^2 - 4}$; y $\neq$ 2 und y $\neq$ –2; Probe zB für y = 3: $\frac{38}{5}$

c) $\frac{4xy}{x^2 - y^2}$; x $\neq$ y und x $\neq$ –y; Probe zB für x = 2, y = –3: $\frac{24}{5}$

196 a) $\frac{5}{z - 1}$; z $\neq$ 1 und z $\neq$ –1; Probe zB für z = 2: 5

b) $\frac{z^2 + 3z}{2(z^2 - 4)}$; z $\neq$ 2 und z $\neq$ –2; Probe zB für z = 3: $\frac{9}{5}$

c) $\frac{-4z^2 + 3z + 15}{3(4z^2 - 9)}$; z $\neq \frac{3}{2}$ und z $\neq -\frac{3}{2}$; Probe zB für z = 2: $\frac{5}{21}$

197 $\frac{x}{4} - \frac{y}{3} = \frac{3x - 4y}{12}$ and $\frac{4}{x} + \frac{3}{x} = \frac{7}{x}$

198 a) $\frac{15ac}{b}$; b $\neq$ 0; Probe zB für a = 3, b = 2, c = 6: 135

b) 4a; b $\neq$ 0; Probe zB für a = 3, b = 2: 12

c) $\frac{3ac}{10b}$; b $\neq$ 0; Probe zB für a = 2, b = 2, c = 3: $\frac{9}{10}$

d) $\frac{-3ab}{2c}$; c $\neq$ 0; Probe zB für a = 4, b = 2, c = 1: –12

199 a) $\frac{y^2}{6x}$; x, y $\neq$ 0; Probe zB für x = 3, y = 2: $\frac{2}{9}$

b) $\frac{25a^2b}{2}$; a, b $\neq$ 0; Probe zB für a = 2, b = 3: 150

c) $\frac{x^2}{10}$; x, y $\neq$ 0; Probe zB für x = 5, y = 3: $\frac{5}{2}$

d) $-\frac{4r^3}{s}$; r, s $\neq$ 0; Probe zB für r = 2, s = 4: –8

K 200 Probe: Vergleiche mit Buch, Seite 49!

a) $\frac{1}{4}$; y $\neq$ –3 und y = 2 b) $\frac{7}{6}$; y $\neq$ 2 und y $\neq$ 5 c) $\frac{2}{3}$; y $\neq -\frac{5}{3}$ und y $\neq \frac{3}{2}$

K 201 Probe: Vergleiche mit Buch, Seite 49!

a) $-\frac{5y + 2}{3y}$; y $\neq$ 0 und y $\neq$ 3 c) $\frac{10 - 2y}{3y}$; y $\neq$ 1, y $\neq$ –1 und y $\neq$ 0

b) $\frac{5y + 3}{5y - 3}$; y $\neq \frac{3}{5}$ und y $\neq -\frac{3}{5}$

K 202 Probe: Vergleiche mit Buch, Seite 49!

a) $\frac{4a^2 - 4ab + b^2}{2ab}$; a, b $\neq$ 0 und b $\neq -2a$

b) $\frac{1}{4a + 6b}$; a, b $\neq$ 0 und a $\neq \frac{3}{2}b$ und a $\neq -\frac{3}{2}b$

c) $\frac{3a + 1}{2b - 2}$; a $\neq \frac{1}{3}$, b $\neq$ 1 und b $\neq -1$

K 203 Probe: Vergleiche mit Buch, Seite 49!

a) $2(x + 5)$; $x \neq -5$ **b)** $\frac{z - 8}{3}$; $z \neq -8$ **c)** $\frac{3u - 4v}{4}$; $3u \neq -4v$

K 204 Probe: Vergleiche mit Buch, Seite 49!

a) $a^2 - \frac{b^2}{c^2}$; $c \neq 0$ **b)** $\frac{a^2}{b^2} - c^2$; $b \neq 0$ **c)** $\frac{a^2}{b^2} - \frac{c^2}{d^2}$; b, d $\neq 0$

205 **a)** k^2 **b)** $\frac{1}{k^2}$ **c)** k **d)** $\frac{a}{b}$ **e)** $\frac{ab}{k^2}$ **f)** $\frac{ak}{b}$

206 **a)** $\frac{1}{m(m + 1)}$ **b)** $m(m - 1)$ **c)** $k - 1$ **d)** $\frac{p + 1}{p}$ **e)** $\frac{r - s}{r}$ **f)** $\frac{ab - 1}{b}$

207 zB: **a)** $\frac{a}{b} = 1 \Rightarrow a = b$ **1)** $2a$ **2)** 0 **3)** a^2

b) $\frac{a}{b} = -1 \Rightarrow b = -a$ **1)** 0 **2)** $2a$ **3)** $-a^2$

208 zB: **a)** $ab = 1 \Rightarrow b = \frac{1}{a}$ **1)** $\frac{a^2 + 1}{a}$ **2)** $\frac{a^2 - 1}{a}$ **3)** a^2

b) $ab = -1 \Rightarrow b = -\frac{1}{a}$ **1)** $\frac{a^2 - 1}{a}$ **2)** $\frac{a^2 + 1}{a}$ **3)** $-a^2$

209 zB: **1)** 28 : 5 = 5 und 3 Rest, 33 : 5 = 6 und 3 Rest, (33 – 28) : 5 = 5 : 5 = 1
86 : 14 = 6 und 2 Rest, 128 : 14 = 9 und 2 Rest, (128 – 86) : 14 = 42 : 14 = 3

2) Es gilt: $\frac{a}{n} = x + \frac{r}{n}$ und $\frac{b}{n} = y + \frac{r}{n} \Rightarrow$

$\frac{a - b}{n} = \frac{a}{n} - \frac{b}{n} = \left(x + \frac{r}{n}\right) - \left(y + \frac{r}{n}\right) = x - y$ mit $a, b, x, y \in \mathbb{N}$

210 **a)** $4r^3 + 2r$; $r \neq 0$; Probe: $(4r^3 + 2r) \cdot 4r = 16r^4 + 8r^2$
b) $4s^2 + 2$; $s \neq 0$; Probe: $(4s^2 + 2) \cdot (-8s^3) = -32s^5 - 16s^3$
c) $6r^3 + 2r^2$; $r \neq 0$; Probe: $(6r^3 + 2r^2) \cdot 6r^2 = 36r^5 + 12r^4$
d) $-3s^2 + 2$; $s \neq 0$; Probe: $(-3s^2 + 2) \cdot (-8s^2) = 24s^4 - 16s^2$

K 211 Probe: Vergleiche mit Buch, Seite 52!
a) $7x^2 + 3y$; x, y $\neq 0$ **c)** $6x^2 - 2y$; x, y $\neq 0$
b) $-6x^3 + 2x$; x, y $\neq 0$ **d)** $3x^3 + 4xy$; x, y $\neq 0$

212 **a)** $p + 2$; $p \neq -2$; Probe: $(p + 2)(2p + 4) = 2p^2 + 8p + 8$

b) $4p + 3$; $p \neq -\frac{5}{2}$; Probe: $(4p + 3)(2p + 5) = 8p^2 + 26p + 15$

c) $3p + 1$; $p \neq -\frac{2}{3}$; Probe: $(3p + 1)(3p + 2) = 9p^2 + 9p + 2$

d) $9p + 7$; $p \neq -\frac{9}{7}$; Probe: $(9p + 7)(7p + 9) = 63p^2 + 130p + 63$

K 213 Probe: Vergleiche mit Buch, Seite 52!
a) $5u + 2v$; $2u \neq -3v$ **c)** $6u + v$; $8u \neq -7v$
b) $2u + 7v$; $5u \neq 3v$ **d)** $-5u + 9v$; $u \neq 7v$

K 214 Probe: Vergleiche mit Buch, Seite 52!
a) $3c + 1$; $3c^2 + 2c + 2 \neq 0$ **c)** $s^2 + st - t^2$; $s^2 - st + t^2 \neq 0$
b) $f^2 + fg + g^2$; $f^2 - fg - g^2 \neq 0$ **d)** $s^2 - st + t^2$; $s^2 + st - t^2 \neq 0$

215 a) $a^2 + ab + b^2$; $a \neq b$;
Probe: $(a^2 + ab + b^2)(a - b) = a^3 - b^3$
b) $a^3 - a^2b + ab^2 - b^3$; $a \neq -b$;
Probe: $(a^3 - a^2b + ab^2 - b^3)(a + b) = a^4 - b^4$
c) $a^4 + a^3b + a^2b^2 + ab^3 + b^4$; $a \neq b$;
Probe: $(a^4 + a^3b + a^2b^2 + ab^3 + b^4)(a - b) = a^5 - b^5$

K **216** Probe: Vergleiche mit Buch, Seite 52!
a) $x^2 - 2x + 4$; $x \neq -2$ b) $x^2 + 1$; $x \neq 1$ und $x \neq -1$ c) $x^2 - 4$

K **217** Probe: Vergleiche mit Buch, Seite 52!
a) $a + b + ab$; $a, b \neq 0$ b) $-a + 1 + \frac{a}{b}$; $a, b \neq 0$ c) $\frac{b^2}{a^2} - \frac{2b}{a} + 1$; $a \neq 0$

218 1) $\frac{3}{2b} - b$; $a, b \neq 0$; Probe zB für $a = 5$, $b = 3$: $-2\frac{1}{2}$
2) $\frac{3a}{2b} - b$; $a, b \neq 0$; Probe zB für $a = 3$, $b = 2$: $\frac{1}{4}$
3) $2\frac{1}{2}$; $a, b \neq 0$; Probe zB für $a = 2$, $b = 3$: $2\frac{1}{2}$
4) $3a - \frac{1}{2}$; $a, b \neq 0$; Probe zB für $a = 4$, $b = 2$: $11\frac{1}{2}$
5) $3 - \frac{b}{2a^2}$; $a \neq 0$; Probe zB für $a = 2$, $b = 4$: $2\frac{1}{2}$
6) $3a - \frac{b}{2a^2}$; $a \neq 0$; Probe zB für $a = 3$, $b = 1$: $8\frac{17}{18}$
7) $3a - b^2$; $a \neq 0$; Probe zB für $a = 2$, $b = 3$: -3
8) $3a^2 - b^2$; $a \neq 0$; Probe zB für $a = 2$, $b = 3$: 3

K **219** Probe: Vergleiche mit Buch, Seite 52!
1) 0; $u, v \neq 0$
2) $\frac{6u}{3u - 2v}$; $v \neq 0$, $3u \neq 2v$
3) $\frac{18u^2}{v^2} - 2$; $v \neq 0$
4) $\frac{6u(3u - 2v)}{v^2}$; $v \neq 0$
5) $\frac{18u^2 - 12uv}{v^2}$; $v \neq 0$
6) $\frac{3u - 2v}{6u}$; $u, v \neq 0$
7) 2; $u, v \neq 0$
8) $\frac{4u^2}{9v^2} - 2$; $v \neq 0$

K **220** Probe: Vergleiche mit Buch, Seite 52!
a) $\frac{(x - y)^3}{xy}$; $x, y \neq 0$
b) $18a^2b - 12b^2 + \frac{2b^3}{a}$; $a, b \neq 0$
c) $\frac{(a - b)^2}{2b}$; $a, b \neq 0$
d) $\frac{(a - b)^2}{2ab}$; $a, b \neq 0$
e) $\frac{2a - 2b - a^3b^3}{ab}$; $a, b \neq 0$
f) $\frac{3(a^2 + b^2)}{2a^2b}$; $a, b \neq 0$

221 a) $x = -4$; Probe: 2
b) $z = 2$; Probe: 0
c) $y = 3$; Probe: 9
d) keine Lösung

222 a) Jede reelle Zahl ist Lösung der Gleichung.
Probe z. B. für $x = 2$: 2
b) $z = 5$; Probe: 450
c) keine Lösung
d) $y = 1$; Probe: -3

223 a) $a = -1$; Probe: 1
b) $b = -2$; Probe: 4
c) $x = 1{,}5$; Probe: 4
d) $c = 1$; Probe: 5

224 eg: a) $(6 + x) + (x + 10) = 28$; $x = 6$
b) $(x + 2x) + (2x + 5) = 70$; $x = 13$
c) $(8 + x) + (x + 14) = 64$; $x = 21$
d) $(4x + 5) + 2x = 35$; $x = 5$

225 a) $u = 3$; Probe: 2
b) $z = 24$; Probe: 5
c) $w = 120$; Probe: 19
d) $y = 35$; Probe: 16

226 a) $x = 3$; Probe: 3
b) $x = 1$; Probe: 2
c) $x = 5$; Probe: 1
d) $x = 2$; Probe: $-\frac{1}{3}$
e) $x = 7$; Probe: -2
f) $x = 6$; Probe: 1

227 a) $x = 5$; Probe: 0
b) $x = 2$; Probe: 3
c) $x = 2$; Probe: $\frac{9}{10}$

228 a) $x = 6$; Probe: $2\frac{1}{2}$
b) $x = 8$; Probe: $\frac{1}{3}$
c) $x = -1\frac{1}{2}$; Probe: $-3\frac{3}{4}$

229 a) $x = 4$; $x \neq 0$; Probe: 3
b) $x = 9$, $x \neq 0$; Probe: $\frac{2}{3}$
c) $x = 15$; $x \neq 0$; Probe: $\frac{3}{5}$
d) $x = 3$; $x \neq 0$; Probe: $\frac{1}{2}$

230 a) $y = 3$; $y \neq 0$; Probe: $\frac{1}{3}$
b) $y = 2$, $y \neq 0$; Probe: 7
c) $y = -2$; $y \neq 0$; Probe: $\frac{5}{3}$
d) $y = 2$; $y \neq 0$; Probe: $\frac{5}{12}$

231 a) $z = 5$; $z \neq 3$; Probe: 1
b) $z = 3\frac{1}{2}$; $z \neq 1$; Probe: 2
c) $z = 5$; $z \neq -4$; Probe: $\frac{1}{3}$
d) $z = 8$; $z \neq 6$; Probe: $2\frac{1}{2}$

232 a) $u = 8$; $u \neq 0$ und $u \neq -4$; Probe: $\frac{1}{4}$
b) $u = -1$; $u \neq 0$ und $u \neq \frac{3}{2}$; Probe: -1
c) $u = 3$; $u \neq -3$; Probe: $\frac{1}{6}$
d) $u = 7$; $u \neq 6$; Probe: 12

233 a) $r = 1$; $r \neq 5$; Probe: 1
b) $r = 9$; $r \neq 2$; Probe: 1
c) $r = -4$; $r \neq -3$; Probe: 1

234 a) $s = 6$; $s \neq 3$ und $s \neq -3$; Probe: $\frac{4}{3}$
b) $s = 2$; $s \neq 5$ und $s \neq -5$; Probe: $-\frac{40}{21}$
c) Jede reelle Zahl $s \neq 2$ und $s \neq -2$ ist Lösung. Probe zB für $s = 3$: $\frac{22}{5}$

235 ALLE RICHTIG

236 a) $x = 2p$; Probe: $10p$
b) $x = 2q$; Probe: q
c) $x = -4r$; Probe: $-23r$
d) $x = -5s$; Probe: $-23s$

237 a) $x = 2r - s$; Probe: $13r - 6s$
b) $x = a + 7b$; Probe: $12a + 15b$
c) $x = r + s$; Probe: $-4r - 2s$
d) $x = -3u + 3v$; Probe: $-u - 2v$

238 a) $x = m$; Probe: $4m$
b) $x = 3m$; Probe: $15m$
c) $x = 7m$; Probe: $19m$
d) $x = 3m$; Probe: $19m$

239 a) $x = 2p^2$; $p \neq 0$; Probe: $7p^3$
b) $x = \frac{8q}{3}$; $q \neq 0$; Probe: $3q^2$
c) $x = 2p$; $p \neq 0$; Probe: $6p^2$
d) $x = 3q$; $q \neq 0$; Probe: $10q^2$

240 a) $x = m$; $m \neq 0$; Probe: $4m^2$
b) $x = 5m$; $m \neq 0$; Probe: $2m^2$
c) $x = -2n$; $n \neq 0$; Probe: $10n^2$
d) $x = -3n$; $n \neq 0$; Probe: n^2

241 zB: x … 1. Zahl;
$x + 2x + (x + 2x) = 102$
Die Zahlen lauten 17, 34 und 51.

242 zB: x … Zahl;
$x + \frac{7}{12}x = 190$
Die Zahl lautet 120.

243 zB: y … Zahl;

$\frac{y}{2} + \frac{y}{3} + \frac{y}{4} - 3 = y$

Die Zahl lautet 36.

244 zB: z … Zahl;

$\frac{30z}{100} + 3 = \frac{z}{3}$

Die Zahl lautet 90.

245 zB: b … Zahl;

$\frac{19b}{100} + \frac{b}{3} - 11 = \frac{45b}{100}$

Die Zahl lautet 150.

246 zB: x … Zahl;

$\frac{12x}{100} + \frac{x}{4} - 33 = \frac{4x}{100}$

Die Zahl lautet 100.

247 zB: s … 1. Summand;

$s + (s + 1) + (s + 2) = 84$

Die 3 Summanden sind 27, 28, 29.

248 zB: x … Zahl; $x \neq 0$

a) $\frac{3}{x} - 2 = 7$

Die Zahl lautet $\frac{1}{3}$.

b) $\frac{3}{x} - 2 = 1$

Die Zahl lautet 1.

c) $\frac{3}{x} - 2 = \frac{1}{2}$

Die Zahl lautet $\frac{6}{5}$.

d) $\frac{3}{x} - 2 = -1$

Die Zahl lautet 3.

249 zB: x … Zahl; $x \neq -2$

a) $\frac{1}{x+2} = \frac{1}{4}$

Die Zahl lautet 2.

b) $\frac{1}{x+2} = \frac{1}{6}$

Die Zahl lautet 4.

c) $\frac{1}{x+2} = 3$

Die Zahl lautet $-\frac{5}{3}$.

d) $\frac{1}{x+2} = 1$

Die Zahl lautet –1.

250 zB: n … Zahl; $n \neq 0$

$\frac{15}{n} - \frac{12}{n+1} = \frac{30}{n(n+1)}$

Die Zahlen lauten 5 und 6.

251 zB: x … Zahl;

$\frac{x+5}{x+11} = \frac{4}{7}$

Der ursprüngliche Bruch lautet $\frac{3}{9} = \frac{1}{3}$.

252 eg: a) x … number
$4 \cdot (x - 5) = 16$
The number is 9.

b) x … number
$9 \cdot (x - 7) = 2 \cdot (7 - x)$
The number is 7.

c) x … number
$\frac{2x + 7}{3} = \frac{12 - x}{5}$
The number is $\frac{1}{13}$.

253 eg: x … middle number
$3x = (x - 1) + (x + 1) + 12$
The numbers are 11, 12 and 13.

254 zB: x … Hunderterziffer;
$x + x + 7 = 13$
Die Zahl lautet 337.

255 zB: y … Tausenderziffer;
$y + y + 3y + 3y = 24$
Die Zahl lautet 3399.

256 zB: x … Einerziffer der ursprünglichen Zahl;
$10(x + 3) + x = 2\,[10x + (x + 3) - 10]$
ursprüngliche Zahl: 74; neue Zahl: 47

257 zB: x … Zehnerziffer der ursprünglichen Zahl;
$4\frac{1}{2} \cdot (10x + 8) = 80 + x$
Die ursprüngliche Zahl lautet 18.

258 zB: x … Zehnerziffer der ursprünglichen Zahl;
$100(x + 1) + 10x + 2x + 297 = 200x + 10x + (x + 1)$
Die ursprüngliche Zahl lautet 548.

259 zB: 1) x … gedachte Zahl, z … Ergebnis
$6\left[2\left(x - \frac{x}{3}\right) + x\right] - 11x = 21$
Die gedachte Zahl lautet 7.

2) z ist immer das Dreifache von x; der Zauberer muss das Ergebnis durch 3 dividieren und erhält so die gedachte Zahl.

260 zB: z … Alter des Bruders
$z + \frac{z}{7} = 8$
Das Alter des Bruders ist 7 Jahre.
x … Alter des Wunderkindes
$x + \frac{1}{7} + \frac{x}{7} = 7$ Der Wunderknabe ist 6 Jahre alt.

261 zB: z … Preis des fabriksneuen Autos;
$z - \frac{35z}{100} = 7800$
Das Auto kostet 12000 €.

262 zB: g … ursprünglicher Geldbetrag;

$g \cdot \frac{9}{10} \cdot \frac{11}{10} = 49{,}50$

Der ursprünglicher Geldbetrag war 50 €.

263 zB: p … Miete in % des Gehalts im Jahr 2003;

$\frac{p}{100} = \left(\frac{35}{100} \cdot \frac{102}{100}\right) : \frac{105}{100}$

34 % ihres Gehalts entfallen jetzt auf die Miete.

264 zB: x … Gewinn in % der Selbstkosten;

$22{,}50 + 22{,}50 \cdot \frac{x}{100} = 24{,}30$

Der Gewinn beträgt 8 %.

265 zB: x … Selbstkostenpreis für 1 kg Bananen;

$420 \cdot 1{,}65 = 500 \cdot x \cdot 1{,}05$

Der Selbstkostenpreis für 1 kg beträgt 1,32 €.

266 zB: x … Verkaufspreis netto pro kg Orangen;

$250 \cdot \frac{92}{100} \cdot x = 237{,}50 + 38{,}50$

Für 1 kg Orangen beträgt der Verkaufspreis netto 1,20 €.

267 zB: x … Verkaufspreis bei 16 % Gewinn;

$13{,}44 \cdot \frac{100}{112} \cdot \frac{116}{100} = x$

Er müsste die Bonbonniere um 13,92 € verkaufen.

268 zB: x … ursprünglicher Gewinn;

$30 - x = 25{,}20 \cdot \frac{100}{105}$

Der ursprüngliche Gewinn hätte 6 € betragen. Das wären 25 % gewesen.

269 zB: x … ursprünglicher Gewinn;

$37{,}50 - x = 32{,}30 \cdot \frac{100}{95}$

Der ursprüngliche Gewinn hätte 3,50 € betragen. Das wären rund 10 % (10,2…) gewesen.

270 zB: x … Anteil von A;

$x + \frac{x}{2} + \frac{x}{4} = 8400$

A: 4800 €; B: 2400 €; C: 1200 €

271 zB: x … Anteil von A;

$x + \frac{3}{4}x + \frac{2}{3}x = 290000$

A: 120000 €; B: 90000 €; C: 80000 €

272 zB: x … 3. Preis;

$\frac{5}{3} \cdot \frac{3}{2} \cdot x + \frac{3}{2} \cdot x + x = 3000$

1. Preis: 1500 €; 2. Preis: 900 €; 3. Preis: 600 €

273 zB: x … Betrag, den Franz besitzt;

$\frac{3}{2} \cdot x + \left(\frac{2}{3} \cdot x + 5\right) + x = 100$

Anton: 45 €; Franz: 30 €; Karl: 25 €

274 zB: x … ursprünglicher Betrag;

$x - \frac{x}{3} - \frac{1}{4} \cdot \left(x - \frac{x}{3}\right) = 6$

Elisabeth hatte 12 €.

275 zB: x … 1. Preis;

$x + \frac{3}{4} \cdot x + \frac{3}{4} \cdot \frac{3}{4} \cdot x + \frac{3}{4} \cdot \frac{3}{4} \cdot \frac{3}{4} \cdot x = 7000$

1. Preis: 2 560 €; 2. Preis: 1 920 €; 3. Preis: 1 440 €; 4. Preis: 1 080 €

276 eg: x … amount of money for Christmas

$(205 + x) = 4 \cdot (25 + x)$

Ben and Mary were given 35 € each.

277 zB: x … Winkel an der Spitze;

$x + \frac{3}{4}x + \frac{3}{4}x = 180$

Die Winkel lauten 72°, 54°, 54°.

278 zB: x … Winkel $\gamma = \delta$;

$x + x + \frac{4}{5}x + \frac{4}{5}x = 360$

Winkel: $\alpha = \beta = 80°$; $\gamma = \delta = 100°$

279 zB: $A_1 = \frac{1}{2} \cdot e \cdot (e - 10)$; $A_2 = \frac{1}{2} \cdot (e - 4) \cdot (e - 8)$;

$e \cdot (e - 10) = (e - 4) \cdot (e - 8)$

e = 16 cm, f = 6 cm

280 zB: x … Seitenlänge des ursprünglichen Quadrats;

$x^2 = (x - 10)^2 + 400$

Die Seitenlänge des ursprünglichen Quadrats beträgt 25 cm.

281 zB: x … Seitenlänge des ursprünglichen Quadrats;

$(x + 3)^2 = x^2 + 21$

Die Seitenlänge des ursprünglichen Quadrats beträgt 2 cm.

282 eg: w … width of the rectangle

$2 \cdot (3w + w) = 48$

The width of the rectangle is 6 cm.

283 eg: l … longer side of rectangle

$l^2 + 10^2 = (l + 2)^2$

The length of the rectangle is 24 cm.

284 zB: n … Anzahl der Ecken bzw. Seiten; $n \neq 0$

a) $180 - 144 = \frac{360}{n}$

Das Vieleck hat 10 Seiten.

b) $180 - 162 = \frac{360}{n}$

Das Vieleck hat 20 Seiten.

285 zB: x … Größe des Winkels

a) $x = 180 - \frac{360}{8}$
Der Winkel beträgt 135°.

b) $x = 180 - \frac{360}{9}$
Der Winkel beträgt 140°.

c) $x = 180 - \frac{360}{10}$
Der Winkel beträgt 144°.

d) $x = 180 - \frac{360}{12}$
Der Winkel beträgt 150°.

e) $x = 180 - \frac{360}{18}$
Der Winkel beträgt 160°.

f) $x = 180 - \frac{360}{20}$
Der Winkel beträgt 162°.

286 $\frac{(30 + 18) \cdot (3x + 10)}{2} = \frac{(30 + x) \cdot 24}{2} \Rightarrow x = 2$
Der Flächeninhalt der beiden Trapeze beträgt je 384 cm^2.

287 1) B: $2x + (x + 5) \cdot 2 = 2x - 6 + 36$
D: $2x + (4x + 36) = 4x + (4x + 20)$
2) zB A: $34 + 2 \cdot (x - 5) = 6x$
zB C: $8x = 4x + 2 \cdot (x + 8)$
3) A: x = 6 cm, U = 36 cm
B: x = 10 cm, U = 50 cm
C: x = 8 cm, U = 64 cm
D: x = 8 cm, U = 84 cm

288 a) $a = \frac{A}{b}$, $b = \frac{A}{a}$; zB: a = 8 cm, b = 7 cm,
A = 56 cm^2… Flächeninhalt eines Rechtecks

b) $a = \frac{A}{h}$, $h = \frac{A}{a}$; zB: a = 8,5 cm, h = 4,0 cm,
A = 34 cm^2… Flächeninhalt einer Raute

c) $h = \frac{2A}{a + c}$, $a = \frac{2A}{h} - c$, $c = \frac{2A}{h} - a$; zB: a = 9 cm, c = 5 cm, h = 3 cm,
A = 21 cm^2… Flächeninhalt eines Trapezes

d) $d = \frac{u}{\pi}$; zB: d = 7 cm,
u = 7 π cm… Umfang eines Kreises

e) $a = \frac{V}{b \cdot c}$, $b = \frac{V}{a \cdot c}$, $c = \frac{V}{a \cdot b}$; zB: a = 10 cm, b = 5 cm, c = 7 cm,
V = 350 cm^3… Volumen eines Quaders

f) $G = \frac{V}{h}$, $h = \frac{V}{G}$; zB: G = 30 cm^2, h = 8 cm,
V = 240 cm^3… Volumen eines Prismas

g) $a = \frac{2A}{b}$, $b = \frac{2A}{a}$; zB: a = 3,2 dm, b = 2,5 dm,
A = 4 dm^2… Flächeninhalt eines rechtwinkligen Dreiecks

h) $v = \frac{s}{t}$, $t = \frac{s}{v}$; zB: v = 3m/s, t = 18s,
s = 54 m… Weglänge bei gleichförmiger Bewegung

289 a) $c = \frac{2A}{h_c}$, $h_c = \frac{2A}{c}$; zB: c = 3,5 cm, h_c = 8 cm,
A = 14 cm^2… Flächeninhalt eines Dreiecks

b) $e = \frac{2A}{f}$, $f = \frac{2A}{e}$; zB: e = 8,0 cm, f = 4,0 cm,
A = 16 cm^2… Flächeninhalt einer Raute

289 c) $r = \frac{u}{2\pi}$; zB: r = 5 cm,
u = 10 π cm… Umfang eines Kreises

d) $r = \frac{180b}{\pi\alpha}$, $\alpha = \frac{180b}{r\pi}$; zB: r = 30 cm, $\alpha = 60°$,
b = 10 π cm… Länge eines Kreisbogens

e) $G = \frac{3V}{h}$, $h = \frac{3V}{G}$; zB: G = 10 cm^2, h = 9 cm,
V = 30 cm^3… Volumen einer Pyramide

f) $r = \frac{M}{2\pi h}$, $h = \frac{M}{2r\pi}$; zB: r = 5 cm, h = 8 cm,
M = 80π cm^2… Mantel eines Drehzylinders

g) $a = \frac{v}{t}$, $t = \frac{v}{a}$; zB: a = 4m/s^2, t = 6s,
v = 24m/s… Geschwindigkeit bei einer gleichförmig beschleunigten Bewegung

h) $v_0 = v - at$, $a = \frac{v - v_0}{t}$, $t = \frac{v - v_0}{a}$; zB: v_0 = 8 m/s, a = 1 m/s^2, t = 3s,
v = 11 m/s… Endgeschwindigkeit bei einer gleichförmig beschleunigten Bewegung mit der Anfangsgeschwindigkeit v_0

290 a) $r = \sqrt{\frac{O}{4\pi}}$; zB: r = 6 cm,
O = 144π cm^2… Oberfläche einer Kugel

b) $r = \sqrt[3]{\frac{3V}{4\pi}}$; zB: r = 3 dm,
V = 36π dm^3… Volumen einer Kugel

c) $b = \frac{2A}{r}$, $r = \frac{2A}{b}$; zB: r = 6 cm, b = 8 cm,
A = 24 cm^2… Flächeninhalt eines Kreissektors

d) $r_1 = \sqrt{r_2^2 - \frac{A}{\pi}}$, $r_2 = \sqrt{r_1^2 + \frac{A}{\pi}}$; zB: r_1 = 3 cm, r_2 = 5 cm,
A = 16 π cm^2… Flächeninhalt eines Kreisrings

e) $r = \frac{M}{\pi s}$, $s = \frac{M}{\pi r}$; zB: r = 12 cm, s = 15 cm,
M = 180π cm^2… Mantel eines Kegels

f) $b = u - 2r$, $r = \frac{u - b}{2}$; zB: r = 5 cm, b = 8 cm,
u = 18 cm… Umfang eines Kreissektors

g) $R = \frac{U}{I}$, $U = I \cdot R$; zB: I = 0,2 A, R = 5Ω,
U = 1V… Ohmsches Gesetz

h) $r = \sqrt{\frac{360 \cdot A}{\pi\alpha}}$, $\alpha = \frac{360 \cdot A}{r^2\pi}$; zB: r = 8 cm, $\alpha = 45°$,
A = 8π cm^2 … Flächeninhalt eines Kreissektors

291 zB: x … Zahl;
$x + \frac{2}{3}x - \frac{1}{3} \cdot \left(x + \frac{2}{3}x\right) = 10$
Die Zahl lautet 9.

292 zB: x … Preis eines Pferdes,
300 + 6x = 10x – 100
Ein Pferd kostet 100 Rupien.

293 zB: x … Betrag, den der 3. Geselle bezahlt;
$12x + 4x + x = 204$
1. Geselle: 144 Gulden; 2. Geselle: 48 Gulden; 3. Geselle 12 Gulden

294 zB: x … Erbe einer Tochter;
$x + x + x + 2x + 2x + 4x = 11\,000$
eine Tochter: 1 000 Taler; ein Sohn: 2 000 Taler; die Witwe: 4 000 Taler

295 Sokrates 470 v. Chr. – 399 v. Chr.
Plato: 427 v. Chr. – 347 v. Chr.
Aristoteles: 384 v. Chr. – 322 v. Chr.

296 zB: s … Seitenanzahl
$\frac{2}{3}x + \frac{3}{16}x + \frac{5}{72}x + 22 = x$
Das Buch hat 288 Seiten.

297 zB: g … Alter Herr Gump
$g + (g - 26) + (g - 48) = 100$
Herr Gump ist 58 Jahre, Stefanie 32 Jahre und Fritz 10 Jahre alt geworden.

298 zB: **1)** p … Preis Erwachsenenantritt
$75p + 124 \cdot (p - 2{,}5) = 1481$
Der Eintritt für Erwachsene kostet 9 €.
2) x … Anzahl Schülerinnen und Schüler
$9 \cdot 95 + 6{,}5x = 1791$
144 Schülerinnen und Schüler haben Eintritt bezahlt.

299 zB: r … Gewicht einer roten Kugel
$4 \cdot (r + 8) + 5r + 6 \cdot (r - 11) = 221$
Die rote Kugel wiegt 17 g, die grüne Kugel wiegt 25 g und die gelbe Kugel wiegt 6 g.

300
a) 1) $10 < 17$ bzw. $-5 > +2$
2) $-2 < 5$ bzw. $9 < 16$
3) $18 < 60$ bzw. $-9 > -30$
4) $1{,}5 < 5$ bzw. $-3 > -10$
b) 1) $12 > 7$ bzw. $-3 > -8$
2) $0 > -5$ bzw. $11 > 6$
3) $30 > 0$ bzw. $-15 < 0$
4) $2{,}5 > 0$ bzw. $-5 < 0$
c) 1) $9 > 5$ bzw. $-6 > -10$
2) $-3 > -7$ bzw. $8 > 4$
3) $12 > -12$ bzw. $-6 < +6$
4) $1 > -1$ bzw. $-2 < +2$
d) 1) $-1 < 1$ bzw. $-16 < -14$
2) $-13 < -11$ bzw. $-2 < 0$
3) $-48 < -36$ bzw. $24 > 18$
4) $-4 < -3$ bzw. $8 > 6$
e) 1) $7 > 2$ bzw. $-8 > -13$
2) $-5 > -10$ bzw. $6 > 1$
3) $0 > -30$ bzw. $0 < 15$
4) $0 > -2{,}5$ bzw. $0 < 5$

301
a) $x \geqslant -4$
b) $y < 4$
c) $z \leqslant 24$
d) $u > -8$
e) $b \leqslant 2$
f) $a \geqslant 1$
g) $v > -14$
h) $w < -5$

302 **a)** $L = \{x \in \mathbb{R} \mid x \leqslant 18\}$

Kontrollen: x = 17 … 27 ⩽ 28, wahr;

x = 19 … 31 ⩽ 30, falsch

zB: Einheitsstrecke 1 mm!

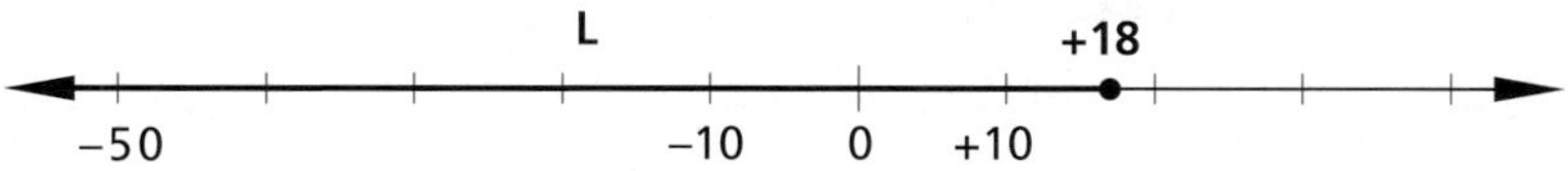

b) $L = \left\{x \in \mathbb{R} \mid x > \frac{7}{6}\right\}$

Kontrollen: x = 1 … 5 < 4, falsch;

x = 2 … 8 < 13, wahr

zB: Einheitsstrecke 6 mm!

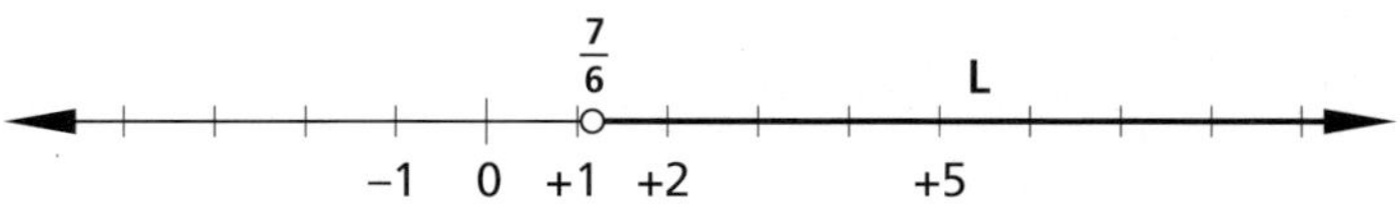

c) $L = \{x \in \mathbb{R} \mid x < -6\}$

Kontrollen: x = −7 … −34 > −35, wahr;

x = −5 … −28 > −27, falsch

zB: Einheitsstrecke 1 cm!

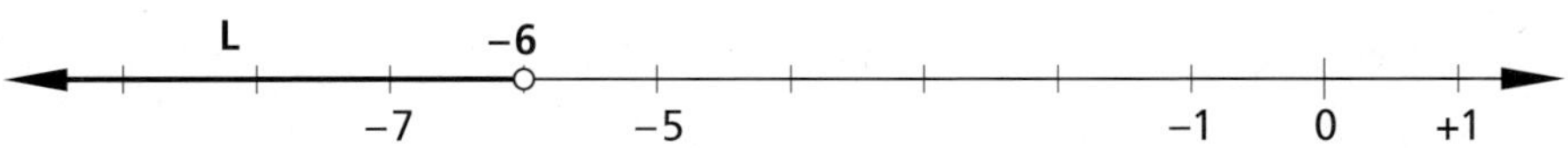

d) $L = \{x \in \mathbb{R} \mid x \geqslant 2{,}8\}$

Kontrollen: x = 2 … 13 ⩾ 17, falsch;

x = 3 … 21 ⩾ 20, wahr

zB: Einheitsstrecke 1 cm!

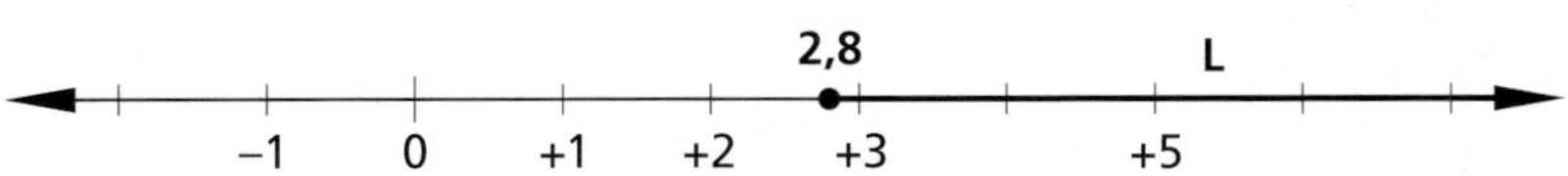

e) $L = \{x \in \mathbb{R} \mid x \geqslant 2\}$

Kontrollen: x = 1 … 2 ⩽ −1, falsch;

x = 3 … 12 ⩽ 15, wahr

zB: Einheitsstrecke 1 cm!

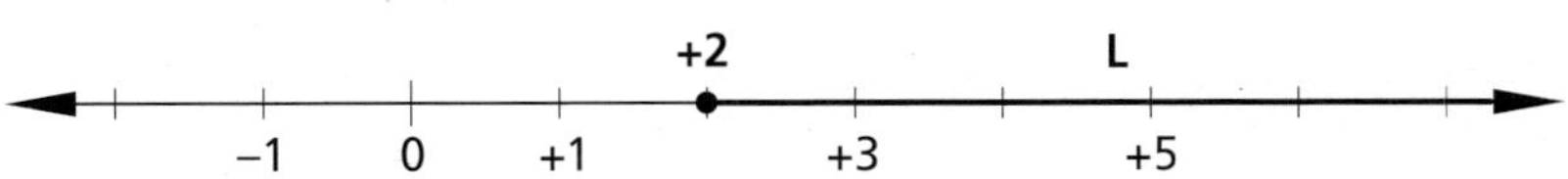

f) $L = \{x \in \mathbb{R} \mid x \leqslant 2\}$

Kontrollen: x = 1 … − 3 ⩾ −9, wahr;

x = 3 … − 13 ⩾ −7, falsch

zB: Einheitsstrecke 1 cm!

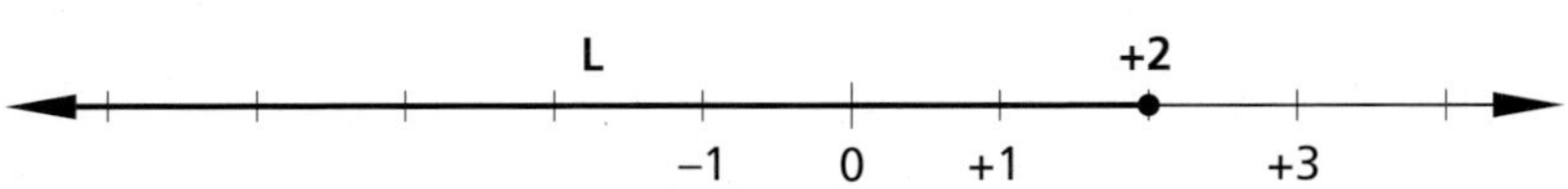

K 303 Vergleiche mit der Lösung zu Beispiel 302!

a) $L = \{y \in \mathbb{R} \mid y < 2\frac{1}{22}\}$

Kontrollen: $y = 2 \ldots \frac{3}{4} < \frac{4}{5}$, wahr;

$y = 3 \ldots \frac{5}{4} < \frac{1}{5}$, falsch

zB: Einheitsstrecke 1 cm! $2\frac{1}{22} \triangleq \approx 2{,}0$ cm!

b) $L = \{y \in \mathbb{R} \mid y \leqslant 10{,}5\}$

Kontrollen: $y = 10 \ldots -\frac{4}{7} \leqslant -\frac{2}{5}$, wahr;

$y = 11 \ldots -\frac{3}{7} \leqslant -\frac{3}{5}$, falsch

zB: Einheitsstrecke 1 cm!

c) $L = \{y \in \mathbb{R} \mid y < 2\}$

Kontrollen: $y = 1 \ldots -\frac{3}{2} < -\frac{2}{3}$, wahr;

$y = 3 \ldots \frac{5}{6} < 0$, falsch

zB: Einheitsstrecke 1 cm!

d) $L = \{y \in \mathbb{R} \mid y \geqslant 5\}$

Kontrollen: $y = 4 \ldots \frac{5}{4} \geqslant 3$, falsch;

$y = 6 \ldots \frac{11}{4} \geqslant 1$, wahr

zB: Einheitsstrecke 1 cm!

e) $L = \mathbb{R}$

Kontrollen: Die Ungleichung ist für jede reelle Zahl wahr.
zB: Einheitsstrecke 1 cm!

f) $L = \{\,\}$

Kontrollen: Die Ungleichung ist für jede reelle Zahl falsch.

K 304 Vergleiche mit der Lösung zu Beispiel 302!

a) $L = \mathbb{R}$

Kontrollen: Die Ungleichung ist für jede reelle Zahl wahr.
zB: Einheitsstrecke 1 cm!

b) $L = \{\,\}$

Kontrollen: Die Ungleichung ist für jede reelle Zahl falsch.

c) $L = \{\,\}$

Kontrollen: Die Ungleichung ist für jede reelle Zahl falsch.

d) $L = \mathbb{R}$

Kontrollen: Die Ungleichung ist für jede reelle Zahl wahr.
zB: Einheitsstrecke 1 cm!

305 1) $r > 250$ 2) $s \leqslant 50$ 3) $t \geqslant 8{:}15$

4) eg: Peter earns more than 50 000 € a year; $p > 50\,000$
Sarah weighs less than 50 kilogramms; $s < 50$
Tom drinks at least 3 cups of coffee per day; $t \geqslant 3$

306 zB: $3x + 50 > 70$; $L = \{x \in \mathbb{R} \mid x > 6\frac{2}{3}\}$

Kontrollen: $x = 6 \ldots 68 > 70$, falsch;

$x = 7 \ldots 71 > 70$, wahr

307 zB: $\frac{x}{5} + \frac{x}{3} > 16$; $L = \{x \in \mathbb{R} \mid x > 30\}$

Kontrollen: $x = 29 \ldots 15\frac{7}{15} > 16$, falsch;

$x = 31 \ldots 16\frac{8}{15} > 16$, wahr

308 zB: $5n < n + 32$; $L = \{n \in \mathbb{N} \mid n < 8\} = \{0, 1, 2, 3, 4, 5, 6, 7\}$
Kontrollen: $x = 8 \ldots 40 < 40$, falsch;
$x = 7 \ldots 35 < 39$, wahr

309 Rainers Fehler: –9 % (–8,57…); Leopolds Fehler: –7 % (–6,6…)
Leopold hat besser geschätzt.

310 Andreas Fehler: + 1,8 % (+ 1,78…); Elisabeths Fehler: + 1,6 % (+ 1,57…)
Elisabeth hat genauer gearbeitet.

311 1) –75 km 2) $-\frac{75}{40075} \approx -0{,}00187$ 3) –0,2 % (–0,18…)

312 1) +210 km/s 2) $+\frac{210}{299790} \approx +0{,}0007$ 3) +0,07 % (+ 0,070…)

313 a) 1) $-\frac{1}{30} = -0{,}0\overline{3}$ 2) –10 %

b) 1) $-\frac{1}{300} = -0{,}00\overline{3}$ 2) –1 %

c) 1) $+\frac{1}{150} = +0{,}00\overline{6}$ 2) +2 %

314 10,5; 10,43; 10,21; 10,2

315 … maximal 1 032 g und minimal 968 g

316 a) … –0,6 %
b) Bei 496 g beträgt die prozentuelle Abweichung –0,8 %.
1) nein 2) nein 3) ja

317 a) $A = (a \cdot 1{,}05)^2 = a^2 \cdot 1{,}1025$
absoluter Fehler: $+ a^2 \cdot 0{,}1025$; prozentueller Fehler: + 10,25 %
b) zB: Fehler bei der Seitenlänge: $p\,\% = \frac{p}{100}$. ⇒ Der prozentuelle Fehler beim Flächeninhalt ist: $\frac{\left(1 + \frac{p}{100}\right)^2 a^2 - a^2}{a^2} = \left(1 + \frac{p}{100}\right)^2 - 1$.
Es gilt: $\left(1 + \frac{p}{100}\right)^2 - 1 > 2 \cdot \frac{p}{100}$, da $2 \cdot \frac{p}{100} + \left(\frac{p}{100}\right)^2 > 2 \cdot \frac{p}{100}$

318 Wähle für die Probe zB r = 1 und s = 2!

a) $\frac{21r - 20s - 10}{12}$; Probe: $-\frac{29}{12}$

b) $\frac{-r + 13s - 11}{4}$; Probe: $\frac{7}{2}$

c) $\frac{10r - 4s + 5}{3}$; Probe: $\frac{7}{3}$

d) $\frac{-5r + 5s - 28}{3}$; Probe: $-\frac{23}{3}$

e) $\frac{-8r + 5s + 84}{12}$; Probe: $\frac{43}{6}$

f) $\frac{20r - 9s + 135}{20}$; Probe: $\frac{137}{20}$

319 a) $\frac{r - s}{2rs}$; $r, s \neq 0$, $r \neq -s$; Probe zB für r = 3, s = 2: $\frac{1}{12}$

b) $\frac{1}{st}$; $s, t \neq 0$, $s \neq t$; Probe zB für s = 4, t = 3: $\frac{1}{12}$

c) $\frac{r + s}{rs}$; $r, s \neq 0$, $r \neq s$; Probe zB für r = 3, s = –2: $-\frac{1}{6}$

K **320** a) $\frac{rs}{2}$; $r, s \neq 0$, $3r \neq -2s$

b) $\frac{3(3x + y)}{2(x - y)}$; $x \neq -y$, $x \neq y$, $y \neq 3x$

c) $(2a - 3b)(3x + 5y)$; $2a \neq -3b$, $3x \neq 5y$, $3x \neq -5y$

K **321** a) $7b^2 - 4b + 1$; $b \neq \sqrt{\frac{5}{3}}$ und $b \neq -\sqrt{\frac{5}{3}}$ b) $8d^3 - 5d$

322 a) $x = 8$; Probe: 6 b) $x = -4$; Probe: -4 c) $x = -\frac{1}{2}$; Probe: $-2\frac{2}{3}$

323 zB: x … Alter des Dalai Lama
$x + (x + 23) = 153$
Am 6. Juli 2000 wurde Heinrich Harrer 88 Jahre, der Dalai Lama 65 Jahre alt.

K **324** a) $L = \{u \in \mathbb{R} \mid u < 4\}$
Kontrollen: $u = 3$ … $\frac{67}{36} > \frac{20}{36}$, wahr;
$u = 5$ … $\frac{25}{36} > 2$, falsch

b) $L = \{u \in \mathbb{R} \mid u \geqslant 57\frac{2}{3}\}$
Kontrollen: $u = 57$ … $162\frac{1}{3} \geqslant 162\frac{1}{2}$, falsch;
$u = 58$ … $165\frac{5}{12} \geqslant 165\frac{1}{3}$, wahr

325 zB: $x < 30$ und $3x > x + 40$; $L = \{22, 24, 26, 28\}$
Kontrollen: $x = 22$ … $22 < 30$ und $66 > 62$, wahr;
$x = 18$ … $18 < 30$ und $54 > 58$, falsch

326 $L = \{b \in \mathbb{R} \mid b > 27\frac{1}{5}\}$
Die Kathete b muss größer als 27,2 cm sein.

327 zB: a … Äpfel in kg
a) $0{,}6a + 17{,}5 < 0{,}9a \Rightarrow a > 58\frac{1}{3}$
Ab 59 kg Äpfel zahlt es sich aus.
b) $0{,}6a + 17{,}5 < 1{,}2a \Rightarrow a > 29\frac{1}{6}$
Ab 30 kg Äpfel zahlt es sich aus.
c) $0{,}6a + 17{,}5 < 1{,}7a \Rightarrow a > 15\frac{10}{11}$
Ab 16 kg Äpfel zahlt es sich aus.

328 zB: r … Anzahl der Runden
a) $75 + 28r + 9r \leqslant 250 \Rightarrow r \leqslant \frac{175}{37}$
Raphael kann 4 Runden mitspielen.
b) $75 + 28r + 9r \leqslant 180 \Rightarrow r \leqslant \frac{105}{37}$
Raphael kann 2 Runden mitspielen.

329 2) Ann and Ben together are 49 years old.
3) Ben is two times older than Cindy.
4) The average age of Ann, Ben and Cindy is 21 years.

330 bis **341** Siehe Buch Seite 274!

342 a) zB: Der Temperaturverlauf in Tamsweg ist gleichmäßiger.

b) 1) 0 °C bzw 12,5 °C 2) −5 °C bzw 6 °C 3) −13,5 °C bzw −7,5 °C

c) Doline: 5. 3. 1961: 19 Uhr
6. 3. 1961: 9 Uhr, 18 Uhr
7. 3. 1961: 9 Uhr
8. 3. 1961: 2 Uhr, 8 Uhr, 19 Uhr
9. 3. 1961: 9 Uhr, 20 Uhr
10. 3. 1961: 11 Uhr

Tamsweg: 6. 3. 1961: 0 Uhr, 9 Uhr
7. 3. 1961: 2 Uhr, 9 Uhr
8. 3. 1961: 5 Uhr
9. 3. 1961: 2 Uhr, 9 Uhr
10. 3. 1961: 1 Uhr, 10 Uhr

d) Doline: zwischen +11 °C und −15 °C
Tamsweg: zwischen +4 °C und −9 °C

e) Doline: 8. 3. 1961: +6 °C; −12 °C
9. 3. 1961: +12 °C; −16 °C

Tamsweg: 8. 3. 1961: +12 °C; −5 °C
9. 3. 1961: +10 °C; −8 °C

f) Doline: 8. 3. 1961: −3 °C
9. 3. 1961: −2 °C

Tamsweg: 8. 3. 1961: 3,5 °C
9. 3. 1961: 1 °C

343 a) Vergleiche mit der Zeichnung auf Seite 74!
Wähle zB: 1 h ≙ 1 cm!

b) 1) 15,5 °C 2) 15,6 °C

344 a)

Zeitpunkt	0 s	5 s	10 s	15 s	20 s
Entfernung	0 m	25 m	55 m	45 m	40 m

b) $[t_0, t_1]$: Vorwärtsfahren, Beschleunigung
$[t_1, t_2]$: Vorwärtsfahren, konstante Geschwindigkeit
$[t_2, t_3]$: Vorwärtsfahren, Bremsung
$[t_3, t_4]$: Stillstand
$[t_4, t_5]$: Rückwärtsfahren, Beschleunigung
$[t_5, t_6]$: Rückwärtsfahren, konstante Geschwindigkeit
zB: Stillstand, Aussteigen, Beginn des Parkens

345 a)

Flugzeit	10 min	15 min	20 min	23 min	25 min	32 min
Höhe ü. M.	500 m	570 m	760 m	780 m	760 m	600 m

b) … nach 10 min und nach 47 min.
c) … nach 22 min; 800 m Höhe ü. M.
d) zB: Höhe des Startplatzes
e) zB: Der Landeplatz liegt tiefer als der Startplatz.

K 346 Use eg. 1 minute ≙ 1 cm and 100 m ≙ 1 mm!

347 a) 1) 1,15 US-Dollar 2) 1,47 US-Dollar 3) 1,44 US-Dollar

b) 1) im Juli 2008, 1 600 US-Dollar

2) im Jänner 2006, 1 150 US-Dollar

Der Unterschied beträgt 450 US-Dollar.

c) 4/07, 6/07, 7/07, 8/07; 10/08, 12/08, 1/09, 5/09, 3/10

d) zB: 1) Die Reisekosten werden geringer.

2) Die Waren werden in Amerika teurer.

3) Die Reisekosten werden höher.

4) Die Waren in Europa werden billiger.

348

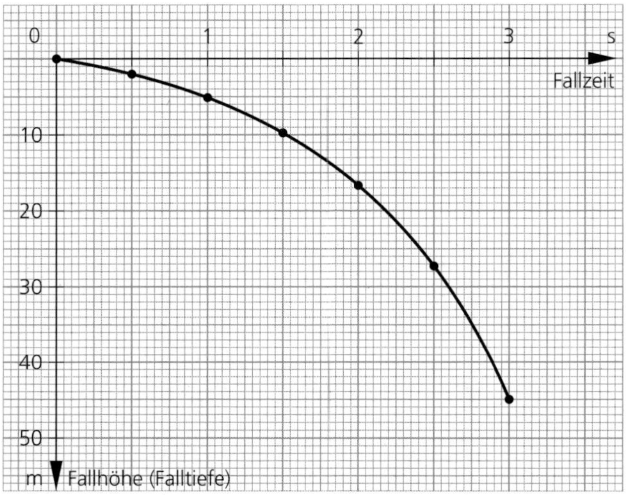

349

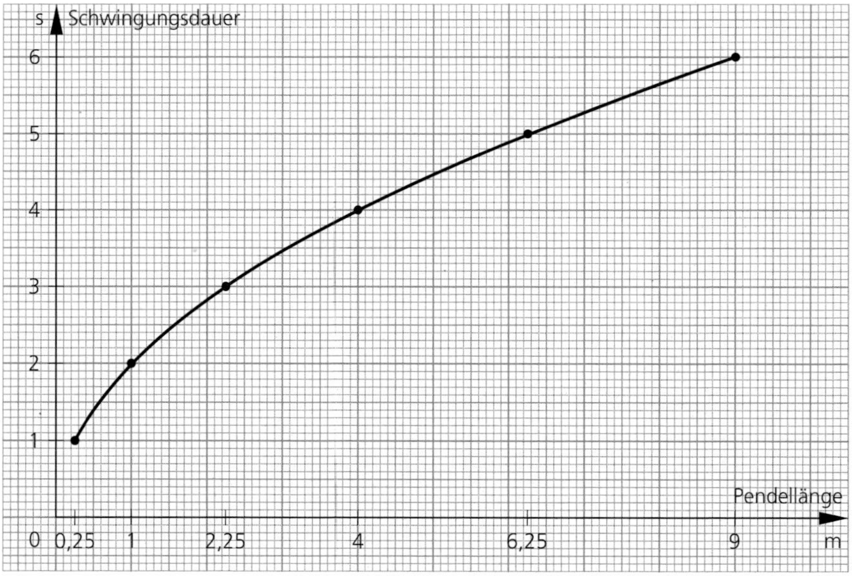

350 1)

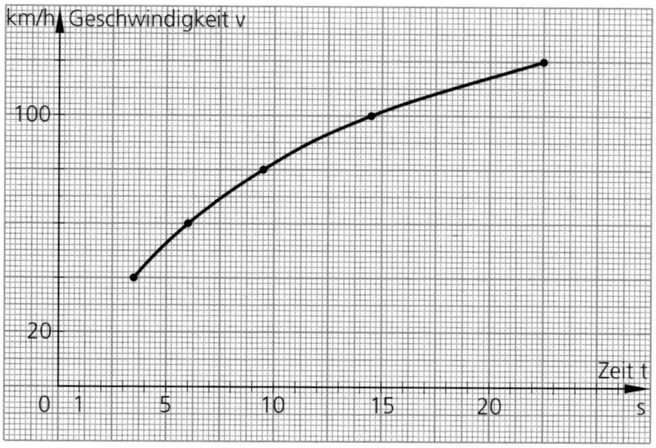

2) 70 km/h: ca. nach $7\frac{1}{2}$ s; 110 km/h: ca. nach 18 s

351 1) Vergleiche mit Aufgabe 350!
Wähle zB auf der x-Achse: 1 km/h ≙ 1 mm, auf der y-Achse 1 m ≙ 1 mm!
Runde vorher auf ganze Meter!
2) … ab ca. 64 km/h

K 352 a) 1) ca. 13 min   2) ca. 4,4 cm
b) Wähle zB eine sehr dünne Kerze!
c) Miss zB die Masse in g!

K 353 a) Wähle zB auf der x-Achse: 50 s ≙ 1 cm, auf der y-Achse: 50 Tropfen ≙ 1 cm!
b) Wähle zB auf der x-Achse die Zeit (50 s ≙ 1 cm) und auf der y-Achse das Volumen (1 ml ≙ 1 cm)!

K 354 Vergleicht mit Aufgabe 353!

355 1) Schaubild C entspricht dem Text, da sich die Mietkosten jede Stunde schrittweise um 1 € erhöhen.
2) A: Das Leihfahrrad kostet für eine Stunde 1,50 €, für 2 bis 4 Stunden 2,50 €.
B: Das Leihfahrrad kostet in der ersten Stunde 2,7 c/min ($2,\overline{6}$), danach 1,7 c/min ($1,\overline{6}$).
D: Das Leihfahrrad kostet in der ersten Stunde 2,7 c/min ($2,\overline{6}$), danach 0,6 c/min ($0,\overline{5}$).

356 A: III, B: I, C: II

357 1) A

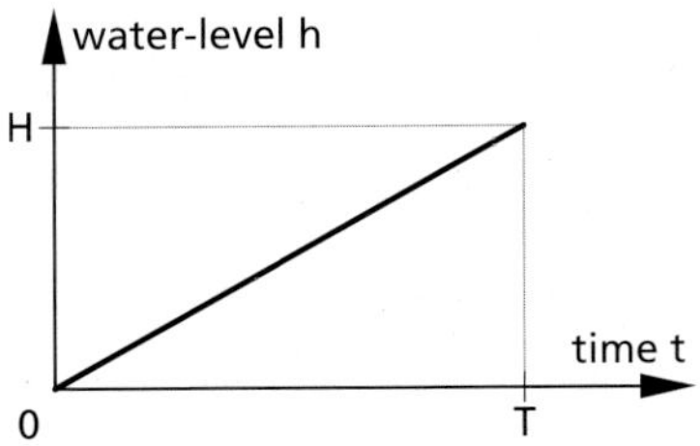

B

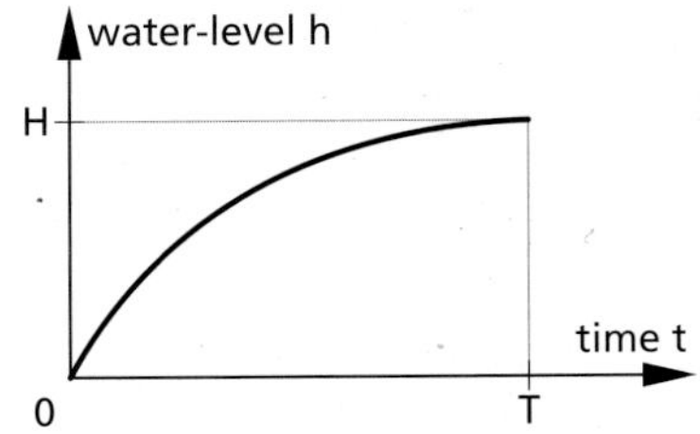

C

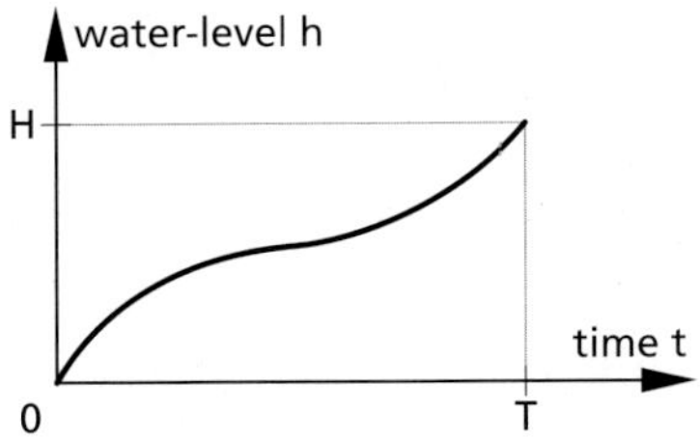

D

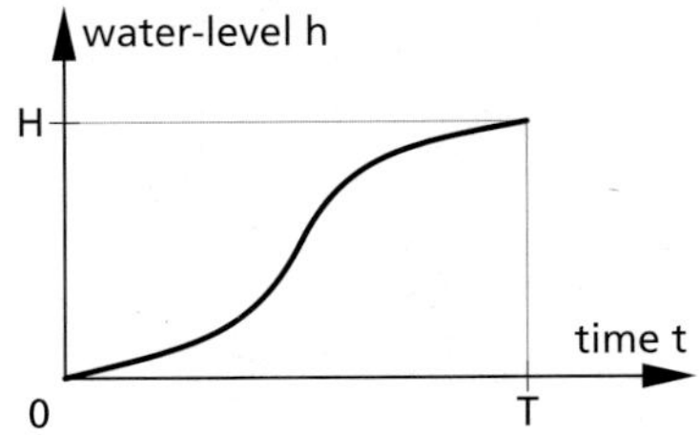

2) The graph belongs to container D.The narrow middle makes the water-level rise faster.

358 a)

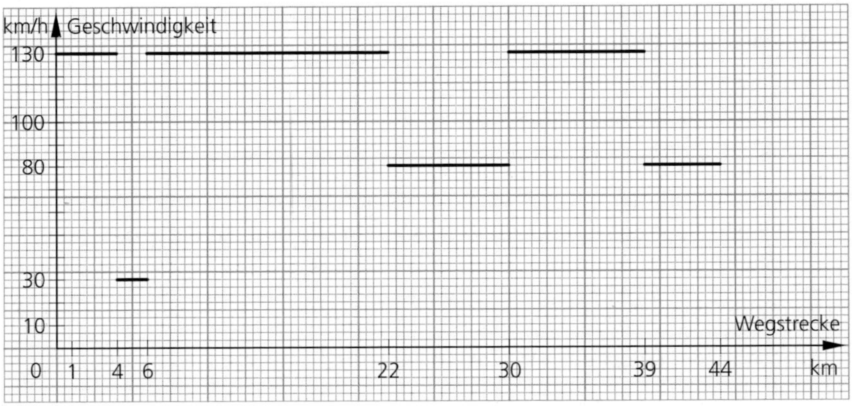

b)

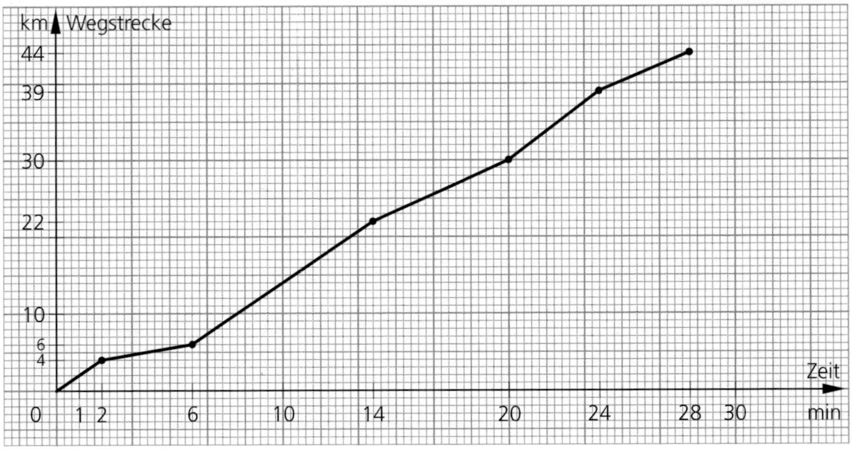

K 359 a) 1) Einheitsstrecke auf der x-Achse: 1 cm!
Einheitsstrecke auf der y-Achse: 1 cm!

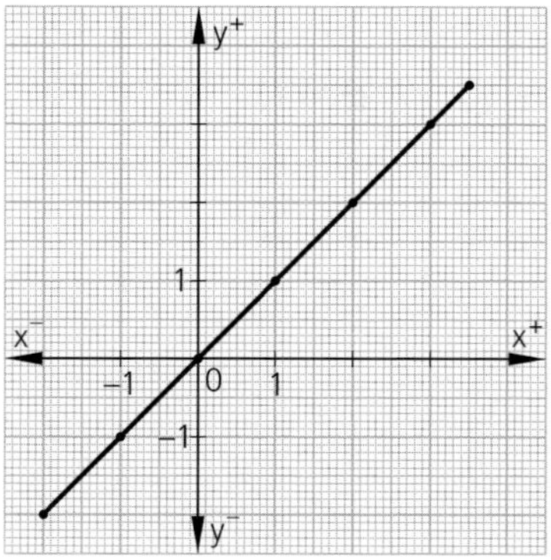

x	–2	–1	0	1	2	3	3,5
y	–2	–1	0	1	2	3	3,5

Steigungswinkel: 45°

2) Steigungswinkel: ≈ 63°
3) Steigungswinkel: ≈ 68°

b) 1) Einheitsstrecke auf der x-Achse: 1 cm!
Einheitsstrecke auf der y-Achse: 1 cm!

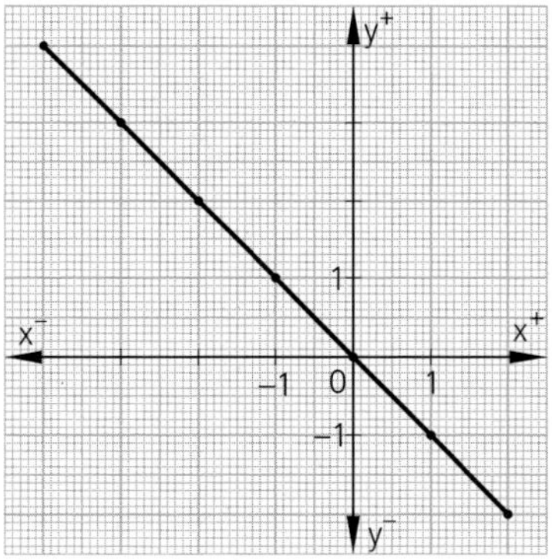

x	–4	–3	–2	–1	0	1	2
y	4	3	2	1	0	–1	–2

Steigungswinkel: –45°

2) Steigungswinkel: ≈ –63°
3) Steigungswinkel: ≈ –68°

K 360 Vergleiche mit Aufgabe 359!
Die Strecke verbindet die Punkte
1) (–5|–3,5) und (5|3,5), 2) (–5|–7) und (5|7), 3) (–5|3,5) und (5|–3,5).

K 361 Vergleiche mit Aufgabe 359!
Die Strecke verbindet die Punkte
1) (–5|–4,3) und (5|5,7), 2) (–5|–5,7) und (5|4,3), 3) (–5|5,7) und (5|–4,3).

K 362 Vergleiche mit Aufgabe 359!
Die Strecke verbindet die Punkte
1) (–7|–1,5) und (8|6), 2) (–7|–5,5) und (8|2), 3) (–7|5,5) und (8|– 2).

K 363 Vergleiche mit Aufgabe 359!
Die Strecke verbindet die Punkte
1) (–6|–4,6) und (6|11), 2) (–6|11) und (6|–4,6).

K 364 a) f verbindet (−5|−1,6) und (5|6,4), g verbindet (−5|6,5) und (5|−5,5).
b) f verbindet (−5|−1) und (5|4), g verbindet (−5|11) und (5|−4).

365 a) y = x + 1 bzw. y = x − 2
b) 1) y = x + 5 2) y = x − 15

K 366 1) g ist steiler als f und h ist am steilsten.
2) Der Graph von y = 10x ist sehr steil.
Der Graph von $y = \frac{1}{2}x$ ist flach.

K 367 a) f: y is also increasing. y = 0 when x = 0.
y is negativ when x = −10.
g: y is decreasing. y = 0 when x = 0.
y is positiv when x = −10.
b) h: y is also increasing. y = 0 when x = 0.
y is negativ when x = −10.
i: y is decreasing. y = 0 when x = 0.
y is positiv when x = −10.

368

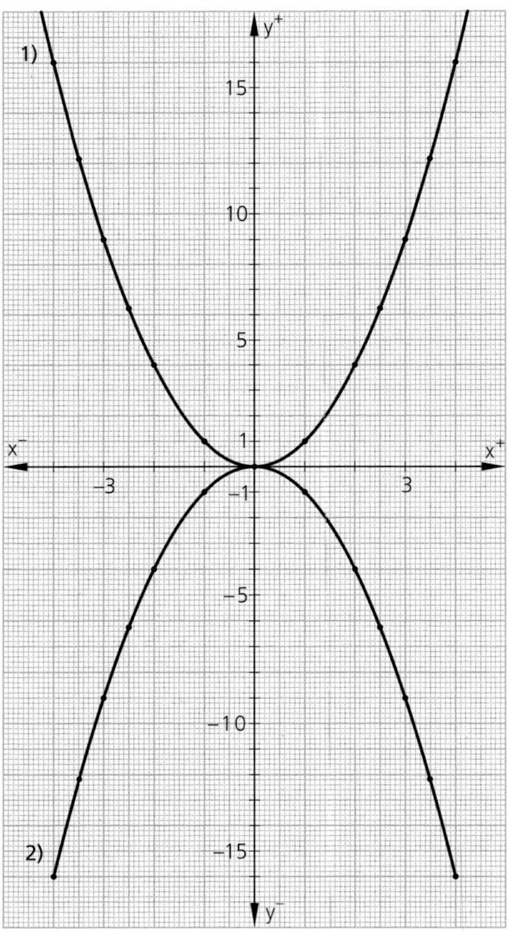

K 369 Der Graph ist jeweils eine Parabel (vergleiche Aufgabe 368!):
1) nach oben offen; tiefster Punkt: $(0|4)$
2) nach oben offen; tiefster Punkt: $(0|-3)$
3) nach unten offen; höchster Punkt: $(0|-2)$

K 370 Der Graph ist jeweils eine Parabel (vergleiche Aufgabe 368!):
1) nach unten offen; höchster Punkt: $(2|0)$
2) nach unten offen; höchster Punkt: $(1|0)$
3) nach unten offen; höchster Punkt: $(-1|0)$

K 371 Der Graph ist jeweils eine Parabel (vergleiche Aufgabe 368!):
1) nach oben offen; tiefster Punkt: $\left(\frac{1}{2}\middle|-\frac{1}{4}\right)$
2) nach oben offen; tiefster Punkt: $\left(\frac{1}{2}\middle|1\frac{1}{4}\right)$
3) nach oben offen; tiefster Punkt: $\left(\frac{1}{2}\middle|-3\frac{1}{4}\right)$

372 a) $y = \frac{1}{2}x^2 - 2$ bzw. $y = \frac{1}{2}x^2 + 3$
b) 1) $y = \frac{1}{2}x^2 + 10$ 2) $y = \frac{1}{2}x^2 - 20$

K 373 a) Die drei Graphen haben die gleiche Gestalt.
Graph 2) ist im 2 Einheiten nach „oben" verschoben.
Graph 3) ist um 2 Einheiten nach „unten" verschoben.
b) Die drei Graphen haben die gleiche Gestalt.
Graph 2) ist um 1 Einheit nach „links" verschoben.
Graph 3) ist um 1 Einheit nach „rechts" verschoben.
c) Die drei Graphen sind verschieden.
Graph 2) ist in y-Richtung „gestreckt".
Graph 3) ist in y-Richtung „gestaucht".
d) Graph 2) ist an der x-Achse gespiegelt.
Graph 3) ist an der x-Achse gespiegelt und in y-Richtung „gestaucht".

374 1) wahre Aussage
2) wahre Aussage
3) wahre Aussage
4) falsche Aussage; y kleiner als 1
5) falsche Aussage; y größer als –1

K 375 1) Vergleiche mit der Figur, Buch Seite 85!
$x \neq 1$; Der Graph von g ist gegenüber f um 1 Einheit nach rechts verschoben.
2) Der Graph von h ist gegenüber f um 2 Einheiten nach rechts verschoben.
Der Graph von i ist gegenüber f um 1 Einheiten nach links verschoben.

K 376 Vergleiche mit der Figur, Buch Seite 85!
a) $x \neq 3$; kein Punkt der Hyperbel liegt auf der Geraden $x = 3$ und auf der x-Achse.
b) $x \neq \frac{3}{2}$; kein Punkt der Hyperbel liegt auf der Geraden $x = \frac{3}{2}$ und auf der x-Achse.
c) $x \neq -2$; kein Punkt der Hyperbel liegt auf der Geraden $x = -2$ und auf der x-Achse.
d) $x \neq \frac{1}{2}$; kein Punkt der Hyperbel liegt auf der Geraden $x = \frac{1}{2}$ und auf der x-Achse.

K 377 1) Der Graph von f ist eine Strecke von $(0|0)$ bis $(6|12)$.
Der Graph von g ist ein Teil einer Hyperbel.
2) Der Graph von f veranschaulicht ein direktes Verhältnis, der von g ein indirektes Verhältnis.

K 378 a) Wähle zB für u: 4 cm ≙ 1 cm!

s	0 cm	1 cm	2 cm	3 cm	4 cm	5 cm
u	0 cm	4 cm	8 cm	12 cm	16 cm	20 cm

Der Graph ist eine Strecke.

b) Wähle zB für A: 5 cm^2 ≙ 1 cm!

u	0 cm	4 cm	8 cm	12 cm	16 cm	20 cm
A	0 cm^2	1 cm^2	4 cm^2	9 cm^2	16 cm^2	25 cm^2

Der Graph ist eine Kurve (Teil einer Parabel).

K 379 a) Der Graph ist eine Strecke von (0|0) bis (5|≈ 31).
b) Der Graph ist ein Teil einer Parabel von (0|0) bis (5|≈ 79).

K 380 1) a + 2b = 5

2) $b = \frac{5-a}{2}$

3)

a	0,6 m	1 m	2 m	2,4 m	3 m	4 m
b	2,2 m	2 m	1,5 m	1,3 m	1 m	0,5 m

4) Schnittpunkt mit der x-Achse: (5|0)
⇒ a = 5 m, b = 0 m
Schnittpunkt mit der y-Achse: (0|2,5)
⇒ a = 0 m, b = 2,5 m

381 1) $A = \frac{a(5-a)}{2}$

2) Wähle zB für die y-Achse (A): 1 m^2 ≙ 3 cm!

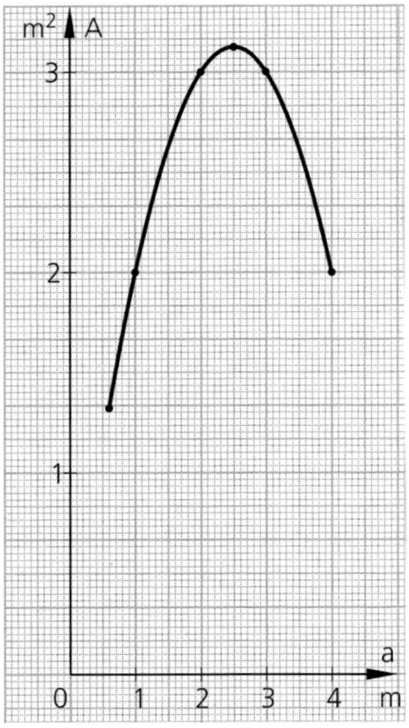

a	A
0,6 m	1,32 m^2 ≙ 4,0 cm
1 m	2 m^2 ≙ 6 cm
2 m	3 m^2 ≙ 9 cm
2,5 m	3,125 m^2 ≙ 9,4 cm
3 m	3 m^2 ≙ 9 cm
4 m	2 m^2 ≙ 6 cm

3) A = 2 m^2 ⇒ a_1 = 1 m, a_2 = 4 m
4) … bei a = 2,5 m

382 a) 1) $V = 4 \cdot h$, bzw. $V = 7 \cdot h$

2)

h	0 cm	1 cm	2 cm	3 cm	4 cm	5 cm	6 cm
V	0 cm^3	4 cm^3	8 cm^3	12 cm^3	16 cm^3	20 cm^3	24 cm^3

h	0 cm	1 cm	2 cm	3 cm	4 cm	5 cm	6 cm
V	0 cm^3	7 cm^3	14 cm^3	21 cm^3	28 cm^3	35 cm^3	42 cm^3

Die Graphen sind Strecken.

K **383** a) 1) $V = 3\pi h$

2)

h	0 cm	1 cm	2 cm	3 cm	4 cm	5 cm	6 cm
V	0 cm^3	9,4 cm^3	18,8 cm^3	28,3 cm^3	37,7 cm^3	47,1 cm^3	56,5 cm^3

Der Graph ist eine Strecke.

b) 1) $V = \frac{7}{3}r^2\pi$

2)

r	0 cm	1 cm	2 cm	3 cm	4 cm
V	0 cm^3	7,3 cm^3	29,3 cm^3	66,0 cm^3	117 cm^3

Der Graph ist Teil einer Parabel.

K **384** Der Graph ist eine Strecke von (0|0) bis
a) (6|60), b) (6|30), c) (6|90).

K **385** Der Graph ist Teil einer Hyperbel durch die Punkte a) (20|6) und (120|1), b) (20|5) und (120|0,8), c) (20|4) und (120|0,7).

K **386** Wähle zB für die x-Achse: 6 m/s ≙ 1 cm,
für die y-Achse: 100 kJ ≙ 1 cm!

v	0 m/s	6 m/s	12 m/s	18 m/s	24 m/s	30 m/s	36 m/s
E	0 kJ	18 kJ	72 kJ	162 kJ	288 kJ	450 kJ	648kJ

Der Graph ist Teil einer Parabel.

K **387** Wähle zB für die x-Achse: 50 mbar ≙ 1 mm (Runde vorher auf H!),
für die y-Achse: 0,1 m^3 ≙ 4 mm (Runde vorher auf z!)!
Der Graph ist Teil einer Hyperbel.

K **388** Vergleiche mit der Figur im Buch, Seite 88!
Wähle zB: für die x-Achse: 1 ≙ 1 cm, für die y-Achse: 1 ≙ 1 cm!
1) $\alpha \approx 63°$, k = 2 2) $\alpha \approx 76°$, k = 4 3) $\alpha \approx 81°$, k = 6

K **389** Vergleiche mit der Figur im Buch, Seite 88!
Wähle zB: für die x-Achse: 1 ≙ 1 cm, für die y-Achse: 1 ≙ 1 cm!
1) $\alpha \approx 56°$, k = 1,5 2) $\alpha \approx -56°$, k = –1,5 3) $\alpha \approx -27°$, k = –0,5

K **390** Vergleiche mit der Figur im Buch, Seite 88!
Wähle zB: für die x-Achse: 1 = 1 cm, für die y-Achse: 1 = 1 cm!
1) $\alpha \approx 14°$, k = 0,25 2) $\alpha \approx 56°$, k = 1,5 3) $\alpha \approx 39°$, k = 0,8

391 a) f_1: $y = x$, $\alpha_1 = 45°$; f_2: $y = -\frac{1}{2}x$, $\alpha_2 \approx -27°$

b) 1) $y = 2x$ 2) $y = \frac{1}{2}x$

c)

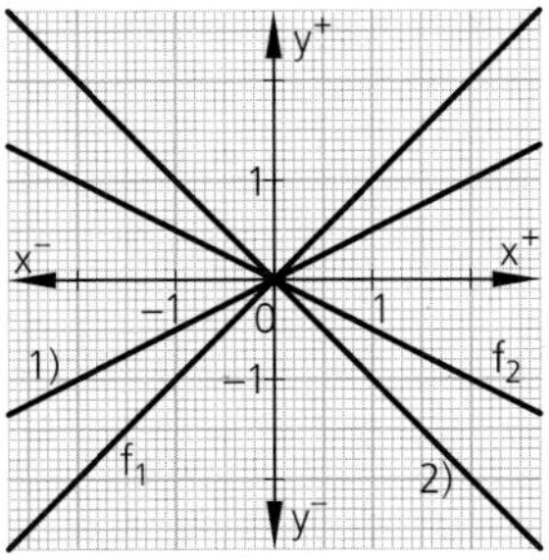

K 392 $y = 2x$, $k = 2$

K 393 a) f_4; $k = 3{,}9$, $\alpha = 76°$ b) f_2; $k = -6$, $\alpha = -81°$

394 a) orange: IV, V
grün: II, VI, IX
beige: III, VIII
blau: I, VII

b) 1) $-1 < k < 0$
2) $1 < k < \infty$
3) $0 < k < 1$
4) $-\infty < k < -1$

c) 1) $k = 1$
2) $k = -1$

K 395 1) P = 1,5 m
2) 70 dag: ca. 1,05 €, 1 kg 20 dag: ca. 1,80 €, 1 kg 60 dag: ca. 2,40 €, 2 kg 30 dag: ca. 3,45 €
3) 0,50 €: ca. 33 dag, 1,20 €: ca. 80 dag, 2,70 €: ca. 1 kg 80 dag, 4 €: ca. 2 kg 70 dag
4) Nein, zB bei größeren Mengen, die gekauft werden, bei Rabatt, …

K 396 a) Wähle zB für die x-Achse: 1 m ≙ 1 cm, für die y-Achse: 10 € ≙ 1 cm!
$y = 16 \cdot x$
Der Graph ist eine Strecke.

b) 1) 2,50 m Stoff kosten 40 €.
2) Für 12 € erhält man 0,75 m Stoff.

K 397 a) Der Graph ist ein Strahl vom Ursprung durch den Punkt
1) zB: (20|63), 2) zB: (20|123), 3) zB: (20|161).

b) Das Volumen 1) wird verdoppelt,
2) wächst auf das Eineinhalbfache.

c) Die Höhe muss 1) verdreifacht, 2) verfünffacht werden.

K 398 a)

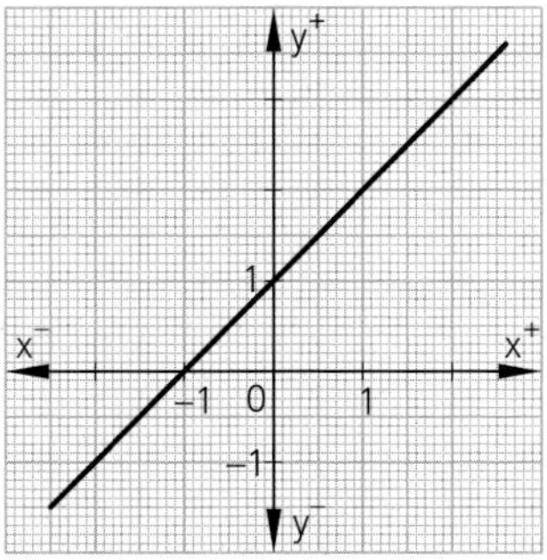

1) $k = 1$
2) $\alpha = 45°$
3) $d = 1$

K 398 b) 1) $k = 1$ 2) $\alpha = 45°$ 3) $d = -0,5$
c) 1) $k = 1$ 2) $\alpha = 45°$ 3) $d = 2$
d) 1) $k = -1$ 2) $\alpha = -45°$ 3) $d = 1,4$
e) 1) $k = -1$ 2) $\alpha = -45°$ 3) $d = -0,6$
f) 1) $k = -1$ 2) $\alpha = -45°$ 3) $d = -2$

K 399 Der Graph ist eine Gerade parallel zur x-Achse.
a) 1) $k = 0$ 2) $\alpha = 0°$ 3) $d = 4$
b) 1) $k = 0$ 2) $\alpha = 0°$ 3) $d = -2$
c) 1) $k = 0$ 2) $\alpha = 0°$ 3) $d = 2\frac{5}{7} \approx 2,7$

K 400 Vergleiche mit der Figur im Buch, Seite 92!
a) 1) $k = 2$ 2) $\alpha \approx 63°$ 3) $d = 1$
b) 1) $k = -\frac{1}{2}$ 2) $\alpha \approx -27°$ 3) $d = 1$
c) 1) $k = 1,5$ 2) $\alpha \approx 56°$ 3) $d = 2$
d) 1) $k = -\frac{1}{3}$ 2) $\alpha \approx -18°$ 3) $d = 1,2$
e) 1) $k = \frac{1}{3}$ 2) $\alpha \approx 18°$ 3) $d = 2$
f) 1) $k = -\frac{2}{3}$ 2) $\alpha \approx -34°$ 3) $d = 0,8$

401

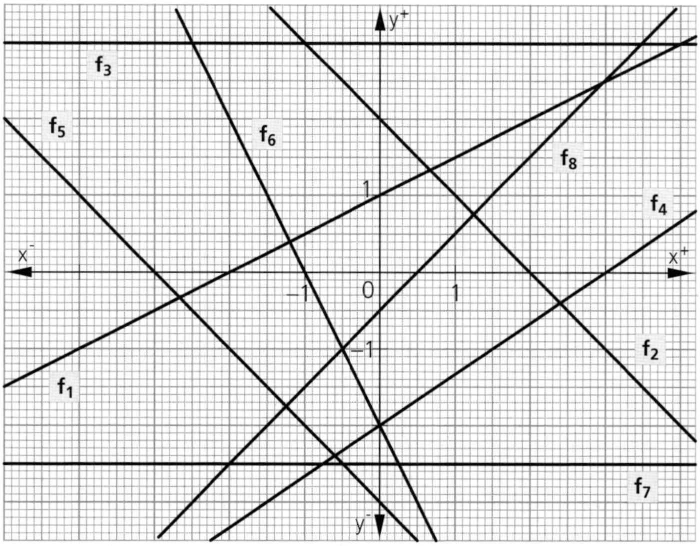

402 … eine lineare inhomogene Funktion:
a) $k_1 = 0,7$; $d_1 = 1,5$; f_1: $y = 0,7\,x + 1,5$ und $k_2 = -1$; $d_2 = 1$; f_2: $y = -x + 1$
b) $k_1 = 0$; $d_1 = 0,5$; f_1: $y = 0,5$ und $k_2 = 1,5$; $d_2 = -1$; f_2: $y = 1,5x - 1$

403 1) true 2) true 3) true 4) false

K 404 a) $y = 2x - 5$ c) $y = 0,8x + 1$
b) $y = 1,5x + 0,5$ d) $y = 1,5x + 0,5$

K 405 a) 1) 5 kg: 9 €, 10 kg: 18 €, 15 kg: 27 €, 20 kg: 36 €, 25 kg: 45 €, 30 kg: 54 €
2) 5 kg: 4,50 €, 10 kg: 9 €, 15 kg: 13,50 €, 20 kg: 18 €, 25 kg: 22,50 €, 30 kg: 27 €
b) Bei einem Einkauf von mehr als 20 kg lohnt es sich, in die Wachau zu fahren.

406 1) v_0 entspricht dem d aus y = kx + d und bedeutet die Momentangeschwindigkeit des Autos zum Zeitpunkt 0. –b entspricht dem k aus y = kx + d und bedeutet die Verzögerung des Autos.
2) In t Sekunden nimmt die Geschwindigkeit um b · t m/s ab.
3) Das Auto kommt zum Stillstand, wenn b · t = v_0.
4) Die Funktion ist fallend, der Schnittpunkt mit der y-Achse entspricht der Anfangsgeschwindigkeit; der Schnittpunkt mit der x-Achse entspricht dem Stillstand des Autos.

407 1) l_0 entspricht dem d aus y = kx + d und bedeutet die Stablänge bei 0 °C.
2) $k = l_0 \cdot a$
3) a) um $l_0 \cdot a$ b) um $2\,l_0 \cdot a$ c) um $t \cdot l_0 \cdot a$
4) Der längere der beiden Stäbe dehnt sich stärker aus, da k von der Ursprungslänge abhängig ist (vgl. 2).

K 408 1) nach 20 min ist das Becken voll.
2) nach 1 min: 9300 l
nach 2 min: 9600 l
nach 3 min: 9900 l …
3) Vergleiche mit den Figuren im Buch, Seite 94!
4) y = 300x + 9000; M (n + 1) = M (n) + 300 für $n \in \mathbb{N}$

K 409 1) nach 30 min ist das Becken leer.
2) nach 1 min: 11600 l
nach 2 min: 11200 l
nach 3 min: 10800 l …
3) Vergleiche mit den Figuren im Buch, Seite 94!
4) y = –400x + 12000; M (n + 1) = M (n) – 400 für $n \in \mathbb{N}$

K 410 1) 550 €, 565 €, 580 €, 595 €, 610 €, 625 €, 640 €, 655 €, 670 €, 685 €, 700 €
2) Vergleiche mit den Figuren im Buch, Seite 94!
3) y = 15x + 100

K 411 Vergleiche mit der Figur im Buch, Seite 95!
a) k = 2, d = –2, $\alpha \approx 63°$

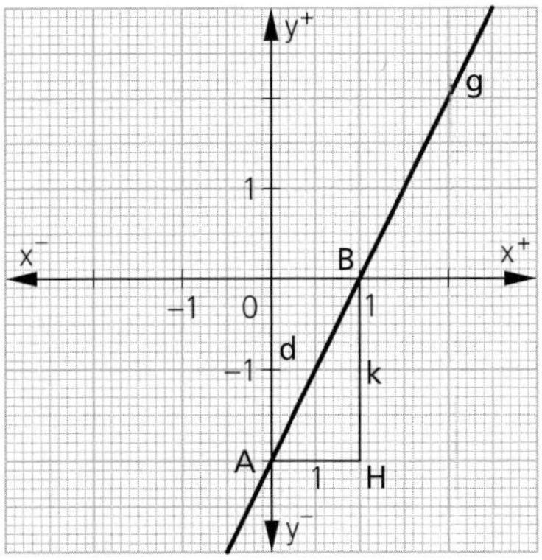

b) $k = -\frac{1}{2}$, d = 3, $\alpha \approx -27°$
c) k = 1,5, d = – 1,5, $\alpha = 56°$
d) $k = -\frac{5}{2}$, d = 4, $\alpha = -68°$

K 412 1) $k = \frac{3}{4}$ 2) $k = -\frac{3}{4}$ 3) $k = -\frac{4}{3}$

K **413** y = 0,04x
zB: Darstellung 2) ist günstiger.

K **414** 1) $k_Q = 3$, $k_R = -2$, $k_S = -1,5$
2) y = 3x, y = −2x, y = −1,5x

415 a) Die mittlere Tagesstrecke beträgt 66 km, 55 km, 41,25 km oder 33 km.
b) Sie müssen 6,6 Tage, 5,5 Tage bzw. 4,4 Tage einplanen.

K **416** 1)

Zeit t	1 s	2 s	3 s	4 s	5 s	6 s
Weg s	5 m	20 m	45 m	80 m	125 m	180 m

2) Der Stein schlägt nach ca. 6,3 s am Boden auf.
3) Die Punkte liegen auf einer Parabel.

417 CD: y = −x − 2, AC: y = 0, AD: y = x − 2, BC: y = x + 2, AB: y = −x + 2

418 bis **423** Siehe Buch Seite 274 und 275!

K **424** zB: x … Anzahl der Einbettzimmer, y … Anzahl der Zweibettzimmer;
x + 2y = 15
L = {(1|7), (3|6), (5|5), (7|4), (9|3), (11|2), (13|1), (15|0)};
x-Achse: 1 Einbettzimmer ≙ 5 mm,
y-Achse: 1 Zweibettzimmer ≙ 1 cm.

K **425** zB: x … Anzahl der Vierbettzimmer, y … Anzahl der Sechsbettzimmer;
4 x + 6y = 80
L = {(2|12), (5|10), (8|8), (11|6), (14|4), (17|2), (20|0)};
x-Achse: 1 Vierbettzimmer ≙ 5 mm,
y-Achse: 1 Sechsbettzimmer ≙ 5 mm.

K **426** zB: x … Anzahl der 4er-Tische, y … Anzahl der 6er-Tische;
4x + 6y = 126
L = {(0|21), (3|19), (6|17), (9|15), (12|13), (15|11), (18|9), (21|7), (24|5), (27|3), (30|1)};
x-Achse: Ein 4er-Tisch ≙ 2 mm,
y-Achse: Ein 6er-Tisch ≙ 2 mm.

K **427** zB: a) x … Anzahl der 2-Euro-Münzen, y … Anzahl der 1-Euro-Münzen;
2x + y = 18
L = {(0|18), (1|16), (2|14), (3|12), (4|10), (5|8), (6|6), (7|4), (8|2), (9|0)};
x-Achse: Eine 2-Euro-Münze ≙ 1 cm,
y-Achse: Eine 1-Euro-Münze ≙ 5 mm.
b) x … Anzahl der 10-Euro-Banknoten, y … Anzahl der 5-Euro-Banknoten;
10x + 5y = 100
L = {(0|20), (1|18), (2|16), (3|14), (4|12), (5|10), (6|8), (7|6), (8|4), (9|2), (10|0)};
x-Achse: Eine 10-Euro-Banknote ≙ 1 cm,
y-Achse: Eine 5-Euro-Banknote ≙ 5 mm.

K 428 zB: x … Anzahl der Preise zu 24 €, y … Anzahl der Preise zu 9 €;
$24x + 9y = 576$
$L = \{(0|64), (3|56), (6|48), (9|40), (12|32), (15|24), (18|16), (21|8), (24|0)\}$;
d. h.: Es gibt keinen Preis zu 24 € und 64 Preise zu 9 € oder 3 Preise zu 24 € und 56 Preise zu 9 €, …;
x-Achse: 1 Preis zu 24 € ≙ 1 mm,
y-Achse: 1 Preis zu 9 € ≙ 1 mm.

K 429 zB: x … Anzahl der Viererstaffeln, y … Anzahl der Achterstaffeln;
$4x + 8y = 96$
$L = \{(0|12), (2|11), (4|10), (6|9), (8|8), (10|7), (12|6), (14|5), (16|4), (18|3), (20|2), (22|1), (24|0)\}$;
d. h.: Es haben keine Viererstaffel und 12 Achterstaffeln oder 2 Viererstaffeln und 11 Achterstaffeln … teilgenommen;
x-Achse: 1 Viererstaffel ≙ 5 mm,
y-Achse: 1 Achterstaffel ≙ 5 mm.

430 zB: x … Anzahl der Buben, y … Anzahl der Mädchen;
$2(x - 1) = y$
$L = \{(2|2), (3|4), (4|6), (5|8), (6|10), \ldots\}$;
d. h.: Es waren vorher 2 Buben und 2 Mädchen oder 3 Buben und 4 Mädchen …

431 zB: a) x … Vaters Alter heute, y … Peters Alter heute;
$x - 7 = 3y$
$L = \{\ldots, (28|7), (31|8), (34|9), (37|10), (40|11), \ldots\}$;
d. h.: Vater ist 28 Jahre alt und Peter 7 Jahre alt, oder Vater ist 31 Jahre alt und Peter 8 Jahre alt, …
b) x … Mutters Alter heute, y … Ingrids Alter heute;
$x + 5 = 2(y + 5)$
$L = \{\ldots, (35|15), (37|16), (39|17), \ldots (45|20), \ldots (75|35), \ldots\}$;
d. h.: Mutter ist 35 Jahre alt und Ingrid 15 Jahre alt, oder Mutter ist 37 Jahre alt und Ingrid 16 Jahre alt, …

432 zB: a) x … Anzahl der Damen, y … Anzahl der Herren;
$x = 3y - 1$
d. h.: 2 Damen und 1 Herr, oder 5 Damen und 2 Herren, oder 8 Damen und 3 Herren, oder … sind noch im Raum.
b) x … Anzahl der Damen, y … Anzahl der Herren;
$x = 3(y + 1)$
d. h.: 3 Damen und kein Herr, oder 6 Damen und 1 Herr, oder 9 Damen und 2 Herren, oder … sind noch im Raum.

K 433 zB: x … erste Zahl, y … zweite Zahl;
$5x - 2y = 6$
$L = \{\ldots, (0|-3), (1|-0{,}5), (3|4{,}5), (6|12), (12|27), \ldots\}$;
x-Achse: 1 ≙ 1 cm, y-Achse: 1 ≙ 1 cm.

K 434 zB: x … Zahl, y … andere Zahl;
$3x - 1 = y$
$L = \{\ldots, (0|-1), (0{,}5|0{,}5), (3|8), (5|14), (6|17), \ldots\}$;
x-Achse: 1 ≙ 1 cm, y-Achse: 1 ≙ 1 cm.

K **435** zB: x … Zahl, y … andere Zahl;
$\frac{x}{3} + 1 = y$
$L = \{\ldots, (0|1), (2|\frac{5}{3}), (3|2), (6|3), (9|4), \ldots\}$;
x-Achse: 1 ≙ 1 cm, y-Achse: 1 ≙ 1 cm.

K **436** zB: x … erste Zahl, y …zweite Zahl,
$\frac{x}{y} - 4 = \frac{1}{2}$
$L = \{\ldots, (-9|-2), (4{,}5|1), (9|2), (18|4), (27|6), \ldots\}$
x-Achse: 1 ≙ 1 cm, y-Achse: 1 ≙ 1 cm.

437 zB: 2) x-Achse: 1 ≙ 1 cm, y-Achse 1 ≙ 1cm!

a) 1) (3|8), (0|9), (6|7), (9|6), $(5|\frac{22}{3})$
3) Vermehrt man eine Zahl um das Dreifache einer zweiten Zahl, so erhält man 27.

b) 1) (5|12), (9|7), (11|4,5), (13|2), (14,6|0)
3) 100 Eintrittskarten der einen Kategorie und 80 Eintrittskarten der anderen Kategorie ergeben Gesamteinnahmen in der Höhe von 1 460 €.

c) 1) (0|–3), (2|0), (4|3), (6|6), (10|12)
3) Vermindert man die Hälfte einer Zahl um ein Drittel einer zweiten Zahl, so erhält man 1.

d) 1) (–3|0), (0|0,75), (1|1), (7|2,5), (9|3)
3) Eine Zahl ist das um 3 verminderte Vierfache einer anderen Zahl.

e) 1) (–3|–3), (1|1), (5|5), (7|7), (9|9)
3) Die Anzahl der Mädchen und Burschen einer Klasse ist gleich.

f) 1) (2|0), $(2|\frac{1}{2})$, $(2|\frac{2}{3})$, (2|1), (2|5)
3) Subtrahiert man vom Vierfachen einer Zahl das Nullfache einer anderen Zahl, so erhält man 8.

g) 1) (0|–4), (1|–2), (3|2), (4|4), (5|6)
3) Subtrahiert man vom Doppelten einer Zahl eine zweite Zahl, so erhält man 4.

h) 1) (–2|3), (0|2), (1|1,5), (2|1), (6|–1)
3) Vermehrt man eine Zahl um das Doppelte einer zweiten Zahl, so erhält man 4.

438
1) $L = \{(0|-1), (1|0), (2|1), (3|2)\}$ 2) $y = x - 1$
1) $L = \{(0|-2), (-1|-1), (-2|0), (-3|1)\}$ 2) $y = -x - 2$
1) $L = \{(0|2), (-1|2), (-2|2), (-3|2)\}$ 2) $y = 2$

K **439** 1) a) $k = \frac{3}{4}$, $d = 0$ b) x-Achse c) y-Achse
2) Alle drei Graphen gehen durch den Ursprung.

440 a) $y = 0$ b) $x = 0$

K **441**
a) 1) $y = -2x + 5$ 2) $k = -2$; $d = 5$
b) 1) $y = \frac{1}{2}x - 2$ 2) $k = \frac{1}{2}$; $d = -2$
c) 1) $y = \frac{5}{3}x$ 2) $k = \frac{5}{3}$; $d = 0$
d) 1) $y = x$ 2) $k = 1$; $d = 0$
e) 1) $y = -\frac{3}{4}x + 2$ 2) $k = -\frac{3}{4}$; $d = 2$
f) 1) $y = -\frac{2}{3}x + 2$ 2) $k = -\frac{2}{3}$; $d = 2$
g) 1) $y = 2x + 3$ 2) $k = 2$; $d = 3$
h) 1) $y = -\frac{1}{2}x + 2$ 2) $k = -\frac{1}{2}$; $d = 2$

a) bis h) 3) Vergleiche mit der Figur im Buch, Seite 95!

442

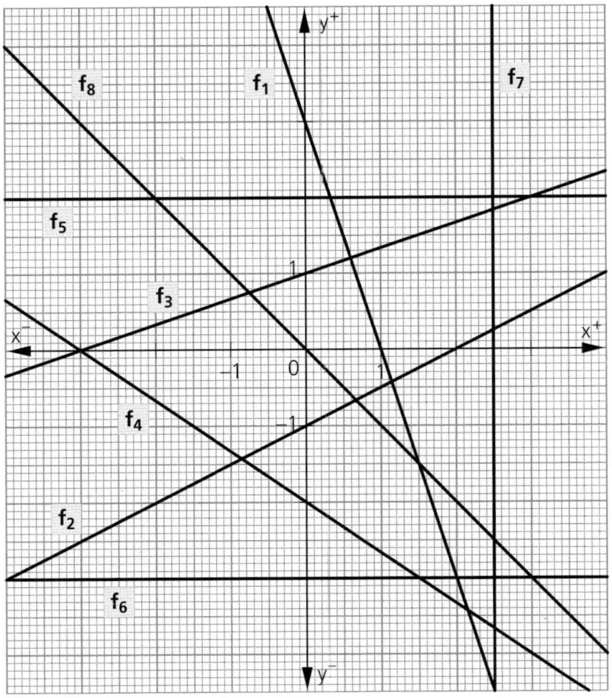

K 443 a)

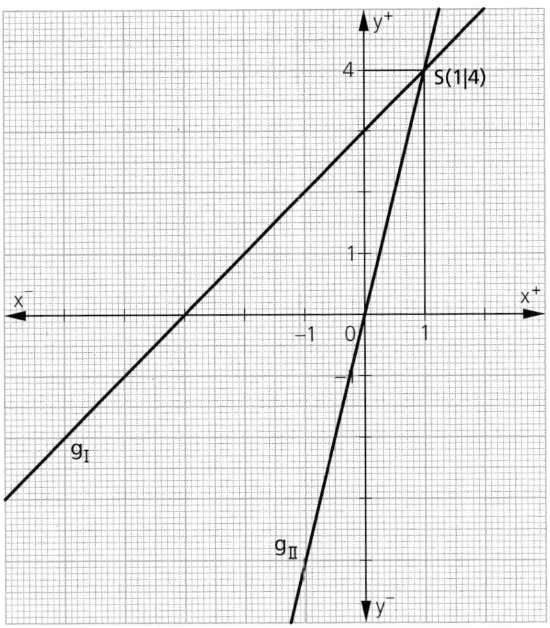

Probe: I: 4; II: 4

b) S(5|2); Probe I: 2; II: 2

c) S(−4|−2); Probe I: −2; II: −2

K 444 a) S(3|0); Probe: I: 6; II: 12

b) S(−2|3); Probe: I: 1; II: 6

c) S(0|2); Probe: I: 4; II: −2

K 445
a) S(2|3); Probe: I: 44; II: 28
b) S(4|3); Probe: I: 45; II: 23
c) S(2|1); Probe: I: 43; II: 32

K 446
a) Es gibt keinen Schnittpunkt. L = { }
Die beiden Geraden sind zueinander parallel.
b) Es gibt unendlich viele „Schnittpunkte". $L = \{(x|y) \mid y = -\frac{3}{2}x + 2\}$
Die beiden Geraden fallen zusammen.
c) Es gibt keinen Schnittpunkt. L = { }
Die beiden Geraden sind zueinander parallel.

K 447
a) L = {(−2,5|−1,5)}; Probe: I: −5; II: 2
b) L = {(−3|2)}; Probe: I: −11; II: 4
c) L = {(−1|−5)}; Probe: I: 3; II: −3

K 448
a) L = {(3|1)}; Probe: I: 3; II: 1
b) L = {(−2|4)}; Probe: I: −4; II: 4
c) L = {(2,5|−2)}; Probe: I: 5; II: 6

K 449
Vergleiche mit Buch Seite 104!
zB: a) 1) 3x + 2y = 8; L = {(2|1)}
2) 2x − y = 5; L = { }
3) 4x − 2y = 6; L = {(0|−3), (3|3), …}
b) 1) y = 3x − 4; L = {(3|5)}
2) y = x + 3; L = { }
3) 2y = 2x + 4; L = {(−1|1), (3|5), …}
c) 1) 3x + 4y = 1; L = {(−1|1)}
2) x + y = 2; L = { }
3) 2x + 2y = 0; L = {(1|−1), (−3|3), …}
d) 1) x + 2y = 8; L = {(2|3)}
2) 3y − 2x = 3; L = { }
3) 3y = 2x + 5; L = {(2|3), (−2,5|0), …}

450
a) x = −2, y = −5; Probe: I: −31; II: −2
b) $a = -\frac{2}{3}$, $c = \frac{1}{2}$; Probe: I: −4; II: $-\frac{2}{3}$
c) $u = \frac{1}{8}$, $v = -\frac{1}{7}$; Probe: I: 2; II: −1

451
a) x = 5, y = 2; Probe: I: 2; II: 2
b) u = −2, v = 7; Probe: I: 7; II: 7
c) L = {(p|q)|q = 3p + 4}; Probe zB: für p = 1, q = 7: I: 7; II: 7

452
a) v = 2, w = −3; Probe: I: −19; II: 20
b) $p = -\frac{1}{5}$, $q = \frac{2}{3}$; Probe: I: −3; II: $3\frac{7}{15}$
c) $x = -\frac{1}{3}$, $y = -\frac{1}{2}$; Probe: I: −5; II: −1

453
a) L = {(2|9)}; Probe: I: 9; II: 9
b) L = {(12|3)}; Probe: I: 3; II: 3
c) L = {(−13|−25)}; Probe: I: 23; II: 1

454
a) $L = \{(-0{,}5|-4)\}$; Probe: I: −6; II: −4
b) $L = \{(2|8)\}$; Probe: I: 8; II: 8
c) $L = \{(12|6)\}$; Probe: I: 4; II: 9

455
a) $L = \{(5|10)\}$; Probe: I: −2; II: 2
b) $L = \{(5|-4)\}$; Probe: I: 77; II: 46
c) $L = \{(8|24)\}$; Probe: I: 2; II: 11

456 zB:

1)	$y = -2x - 5$	$y = -5x + 2$
	$\underline{5x - 2 = y}$	$\underline{x - y - 5 = 0}$
	$L = \left\{\left(-\frac{3}{7}\middle|-\frac{29}{7}\right)\right\}$	$L = \left\{\left(\frac{7}{6}\middle|-\frac{23}{6}\right)\right\}$
2)	$2x - y - 5 = 0$	$\frac{1}{5}x + 3 = y$
	$\underline{2x - y = 0}$	$\underline{5y - x = 2}$
	$L = \{\ \}$	$L = \{\ \}$
3)	$y = \frac{1}{2}x + 5$	$2x + 4y - 20 = 0$
	$\underline{x + 10 = 2y}$	$\underline{-\frac{1}{2}x + 5 = y}$
	$L = \{(2|6), (4|7), \ldots\}$	$L = \{(0|5), (2|4), \ldots\}$

457 a) $L = \{(3|2)\}$ b) $L = \left\{\left(3\middle|\frac{1}{2}\right)\right\}$ c) $L = \{(1|2)\}$ d) $L = \{(1|5)\}$

458
a) $r = 6$, $s = 4$; $L = \{(6|4)\}$; Probe: I: 4; II: 2
b) $x = 7$, $y = 3$; $L = \{(7|3)\}$; Probe: I: 4; II: 11
c) $a = 3$, $b = -2$; $L = \{(3|-2)\}$; Probe: I: −2; II: 3
d) $u = 2$, $v = -3$; $L = \{(2|-3)\}$; Probe: I: −3; II: 2

459
a) $s = 2$, $t = 1$; $L = \{(2|1)\}$; Probe: I: 8; II: 29
b) $x = 3$, $y = -2$; $L = \{(3|-2)\}$; Probe: I: 26; II: 0
c) $a = -6$, $b = -15$; $L = \{(-6|-15)\}$; Probe: I: −140; II: 123
d) $x = 1$, $y = -1$; $L = \{(1|-1)\}$; Probe: I: 3; II: 4

460
a) $x = -16$, $y = -6$; $L = \{(-16|-6)\}$; $y \neq \frac{3}{2}$ und $y \neq 1$; Probe: I: $\frac{10}{3}$; II: $\frac{5}{7}$
b) $u = 3$, $v = -2$; $L = \{(3|-2)\}$; $v \neq -\frac{1}{5}$ und $v \neq 1$; Probe: I: $-\frac{1}{9}$; II: $-\frac{16}{3}$
c) $a = -3{,}9$, $b = -5$; $L = \{(-3{,}9|-5)\}$; $b \neq -\frac{5}{4}$ und $b \neq -\frac{7}{3}$; Probe: I: $\frac{3}{2}$; II: $\frac{3}{5}$

461
a) $a = 12$, $b = 3$; $L = \{(12|3)\}$; $b \neq -2$ und $b \neq -\frac{7}{2}$; Probe: I: $\frac{7}{5}$; II: $\frac{35}{13}$
b) $L = \{\ \}$; $c \neq 2$ und $c \neq \frac{9}{2}$

462
a) $w = 6$, $z = 20$; $L = \{(6|20)\}$; $w \neq -3$ und $w \neq -9$, $z \neq -5$ und $z \neq 10$;
Probe: I: 2; II: 8
b) $L = \{\ \}$; $r \neq 1$ und $r \neq 3$, $s \neq 3$ und $s \neq 5$
c) $s = 16$, $t = -14$; $L = \{(16|-14)\}$; $s \neq -2$ und $s \neq 4$; $t \neq 1$ und $t \neq -2$;
Probe: I: 2; II: 1

463 zB: x … erste Zahl, y … zweite Zahl;

$$\left.\begin{array}{l}\text{I: } x = 2y \\ \text{II: } x + y = 99\end{array}\right\} \Rightarrow x = 66,\ y = 33$$

Die beiden Zahlen heißen 33 und 66.

464 zB: x … erste Zahl, y … zweite Zahl;

$$\left.\begin{array}{l}\text{I: } x + y = 0{,}5\\ \text{II: } x + 2y = -0{,}5\end{array}\right\} \Rightarrow x = 1{,}5,\ y = -1$$

Die erste Zahl ist 1,5, die zweite Zahl –1.

465 eg: **a)** x … first number, y … second number

$$\left.\begin{array}{l}\text{I: } x + y = 9\\ \text{II: } x - y = 6\end{array}\right\} \Rightarrow x = 7.5,\ y = 1.5$$

The first number is 7.5, the second number is 1.5.

b) x ... first number, y ... second number

$$\left.\begin{array}{l}\text{I: } 2x + y = 13\\ \text{II: } x + y = 10\end{array}\right\} \Rightarrow x = 3,\ y = 7$$

The first number is 3, the other number is 7.

c) x ... larger number, y ... smaller number

$$\left.\begin{array}{l}\text{I: } 2x + 3y = 19\\ \text{II: } x - y = 2\end{array}\right\} \Rightarrow x = 5,\ y = 3$$

The larger number is 5, the smaller number is 3.

466 zB: x, y … Faktoren

$$\left.\begin{array}{l}\text{I: } (x + 1)(y + 1) = xy + 16\\ \text{II: } (x - 1)(y - 1) = xy - 14\end{array}\right\} \Rightarrow L = \{(x|y)|y = 15 - x\}$$

Alle Zahlenpaare, die die Gleichung $y = 15 - x$ erfüllen, sind Lösungen.

467 zB: m … Anzahl der Mädchen, b … Anzahl der Buben;

$$\left.\begin{array}{l}\text{I: } b - 1 = 3m\\ \text{II: } b = 4 \cdot (m - 1)\end{array}\right\} \Rightarrow b = 16,\ m = 5$$

In der Klasse sind 16 Buben und 5 Mädchen.

468 zB: b ... Preis der Birnen pro kg, a … Preis der Äpfel pro kg

$$\left.\begin{array}{l}\text{I: } 3b + 2a = 14\\ \text{II: } 2b + 3a = 13\end{array}\right\} \Rightarrow a = 2{,}2,\ b = 3{,}2$$

1 kg Äpfel kostet 2,20 €, 1 kg Birnen kostet 3,20 €

469 zB: x … Preis des Bienenhonigs pro kg, y … Preis des Waldhonigs pro kg;

$$\left.\begin{array}{l}\text{I: } 7x + 5y = 80{,}4\\ \text{II: } 5x + 8y = 84\end{array}\right\} \Rightarrow x = 7{,}2,\ y = 6$$

Blütenhonig kostet 7,20 € pro kg, Waldhonig kostet 6 € pro kg.

470 zB: k … Kaffee in kg, t … Tee in kg;

$$\left.\begin{array}{l}\text{I: } k + t = 85\\ \text{II: } 6{,}5k + 12{,}1t = 821{,}3\end{array}\right\} \Rightarrow k = 37,\ t = 48$$

Der Kaufmann kauft 37 kg Kaffee und 48 kg Tee.

471 zB: x … Anzahl der 0,55-Euro-Marken
y … Anzahl der 0,65-Euro-Marken

a)
$$\left.\begin{array}{l}\text{I: } x + y = 26\\ \text{II: } 0{,}55x + 0{,}65y = 15{,}5\end{array}\right\} \Rightarrow x = 14,\ y = 12$$

Susanne kauft 14 Briefmarken zu 0,55 € und 12 Briefmarken zu 0,65 €.

b)
$$\left.\begin{array}{l}\text{I: } x + y = 34\\ \text{II: } 0{,}55x + 0{,}65y = 20{,}6\end{array}\right\} \Rightarrow x = 15,\ y = 19$$

Susanne kauft 15 Briefmarken zu 0,55 € und 19 Briefmarken zu 0,65 €.

472 eg: c … price of one CD in €, d … price of one DVD in €

$$\left.\begin{array}{l} \text{I: } 4c + 2d = 69 \\ \text{II: } 3c + 3d = 66 \end{array}\right\} \Rightarrow c = 12{,}5,\ d = 9{,}5$$

One CD costs 12,50 € and one DVD costs 9,50 €.

473 zB: x … Eigengeschwindigkeit in km/h, y … Windgeschwindigkeit in km/h;

$$\left.\begin{array}{l} \text{I: } x + y = 960 \\ \text{II: } x - y = 820 \end{array}\right\} \Rightarrow x = 890,\ y = 70$$

1) Die Eigengeschwindigkeit des Flugzeugs beträgt 890 km/h.
2) Die Windgeschwindigkeit beträgt 70 km/h.

474 zB: a) x … Eigengeschwindigkeit des Bootes in km/h
y … Fließgeschwindigkeit der Donau in km/h

$$\left.\begin{array}{l} \text{I: } x - y = 18 \\ \text{II: } x + y = 24 \end{array}\right\} \Rightarrow x = 21,\ y = 3$$

Die Eigengeschwindigkeit des Bootes beträgt 21 km/h und die Fließgeschwindigkeit der Donau beträgt 3 km/h.

b) x … Fahrzeit stromaufwärts in h, y … Fahrzeit stromabwärts in h

$$\left.\begin{array}{l} \text{I: } x + y = 1 \\ \text{II: } 18x = 24y \end{array}\right\} \Rightarrow x = \frac{4}{7},\ y = \frac{3}{7}$$

$18 \cdot \frac{4}{7} = \frac{72}{7} \approx 10{,}3\ (10{,}28\ldots)$

Herr Wagner muss nach rund 10,3 km umdrehen.

c) x … Fahrzeit stromabwärts in h, y … Fahrzeit stromaufwärts in h

$$\left.\begin{array}{l} \text{I: } x + y = 1 \\ \text{II: } 24x = 18y \end{array}\right\} \Rightarrow x = \frac{3}{7},\ y = \frac{4}{7}$$

$\frac{3}{7} \cdot 60 = \frac{180}{7} \approx 26\ (25{,}7\ldots)$

Herr Wagner muss nach rund 26 min umdrehen.

475 zB: x … Anzahl der einspurigen Fahrzeuge, y … Anzahl der zweispurigen Fahrzeuge

$$\left.\begin{array}{l} \text{I: } x + y = 68 \\ \text{II: } 2x + 4y = 242 \end{array}\right\} \Rightarrow x = 15,\ y = 53$$

In dieser Zeit fuhren 15 einspurige und 53 zweispurige Fahrzeuge vorbei.

476 eg: x … number of minibuses, y …number of cars

$$\left.\begin{array}{l} \text{I: } x + y = 11 \\ \text{II: } 12x + 5y = 76 \end{array}\right\} \Rightarrow x = 3,\ y = 8$$

3 minibuses and 8 cars are needed.

477 zB: a, b … Seitenlängen des ursprünglichen Rechtecks;

$$\left.\begin{array}{l} \text{I: } (a + 2)\,(b + 2) = a \cdot b + 64 \\ \text{II: } (a - 2)\,(b - 2) = a \cdot b - 56 \end{array}\right\} \Rightarrow L = \{(a|b)|b = 30 - a\}$$

Alle positiven Zahlenpaare, die die Gleichung b = 30 – a erfüllen, sind Lösungen:
a = 27 cm, b = 3 cm oder a = 15 cm, b = 15 cm oder a = 12,3 cm, b = 17,7 cm.

478 zB: a, b … Seitenlängen des ursprünglichen Rechtecks;

$$\left.\begin{array}{l} \text{I: } a : b = 2 : 3 \\ \text{II: } (b - 3)\,(a + 3) = a \cdot b + 3 \end{array}\right\} \Rightarrow a = 8,\ b = 12$$

Die Seiten des ursprünglichen Rechtecks sind 8 cm und 12 cm lang.

479 zB: c … Basis, a… Schenkellänge;

$$\left.\begin{array}{l}\text{I: } 2a + c = 64\\ \text{II: } c - 4 = a\end{array}\right\} \Rightarrow a = 20,\ c = 24$$

1) Die Basis ist 24 cm lang.
2) Ein Schenkel ist 20 cm lang.
3) Die Höhe ist 16 cm lang.
4) Der Flächeninhalt beträgt 192 cm^2.

480 zB: a … $\overline{BC}$, b … $\overline{AC}$;

$$\left.\begin{array}{l}\text{I: } a^2 + b^2 = (a-4)^2 + (b+2)^2\\ \text{II: } \frac{1}{2}(a-4)(b+2) = \frac{1}{2}ab - 12\end{array}\right\} \Rightarrow a = 6,\ b = 7$$

Die Katheten sind 6 cm und 7 cm lang und die Hypotenuse ist 9,2 cm (9,21…) lang.

481 zB: 1) e, f … Diagonalen der ursprünglichen Raute;

$$\left.\begin{array}{l}\text{I: } \left(\frac{e}{2}\right)^2 + \left(\frac{f}{2}\right)^2 = \left(\frac{e+6}{2}\right)^2 + \left(\frac{f-2}{2}\right)^2\\ \text{II: } \frac{1}{2}(e+6)(f-2) = \frac{1}{2}ef + 40\end{array}\right\} \Rightarrow e = 2,\ f = 16$$

Die Diagonalen sind 2 cm und 16 cm lang.

2) Die Seitenlänge beträgt 8,1 cm (8,06…).

482 1) $$\left.\begin{array}{l}\text{I: } \frac{c \cdot h_c}{2} = 192\\ \text{II: } h_c : c = 2 : 3\end{array}\right\} \Rightarrow c = 24,\ h_c = 16$$

Die Höhe ist 16 mm lang und die Basis ist 24 mm lang.

2) Die Schenkellänge a beträgt 20 mm.

483 a) $y = \frac{3}{7}x - \frac{8}{7}$ b) $y = 4x$ c) $y = \frac{3}{4}x + 3$

484 a) $y = -x + 3$ b) $y = \frac{5}{3}x + \frac{11}{3}$ c) $y = 2$

485 bis **494** Siehe Buch Seite 275!

495 1) zB: Beide Dreiecke haben je einen rechten Winkel, die Winkel zwischen h und l sowie zwischen G und F_1 sind gleich große Parallelwinkel.

2) $G : F_1 = l : h \Rightarrow G : F = l : h$, daher: $F = G \cdot \frac{h}{l}$

3) F und h sind direkt proportional, wenn G und l Konstante sind.
F und l sind indirekt proportional, wenn G und h Konstante sind.
Die Kraftersparnis ist umso höher, je kleiner h ist bzw. je länger l ist.

496 Die aufzuwendende Kraft F ist um 400 N kleiner.

497 Der Motor muss mindestens 22 862 N (22 862,0…) aufbringen.

K **498** 1) Ja;
Zeichnen: Wählt zB für F: 1 N ≙ 2 cm und für L: 1 cm ≙ 1 cm!
Die Punkte liegen annähernd auf einer Geraden.
Rechnen: Es gilt annähernd Quotientengleichheit:

$$\frac{0{,}5}{1{,}5} \approx \frac{1{,}0}{3{,}1} \approx \frac{1{,}5}{4{,}6} \approx \frac{2{,}0}{6{,}0} \approx \frac{2{,}5}{7{,}7} \approx \frac{3{,}0}{9{,}2} \approx \frac{1}{3}$$

2) $L = 0{,}03 \cdot F$; Proportionalitätsfaktor: 0,03 m/N

3) $F = \frac{L}{0{,}03}$; ca. 1,67 N

4) Nein, nur bis höchstens zur Elastizitätsgrenze der Feder; 1 000 N bewirken zB ein Reißen der Feder.

499 1) Nein (20625 Hz)
2) 330 m/s
3) … in 1 s, $\frac{1}{2}$ s, $\frac{1}{3}$ s, …, $\frac{1}{f}$ s; zB: $T = \frac{1}{f}$ … indirekte Proportionalität
4) $T = \frac{1}{440}$ s
5) $\lambda \approx 3{,}00$ m
6) a) $\approx 7{,}9 \cdot 10^{14}$ Hz (7,89…) b) $4 \cdot 10^{14}$ Hz

500 Wähle zB für die x-Achse: 1 h ≙ 2 cm, für die y-Achse: 1 km ≙ 1 mm!

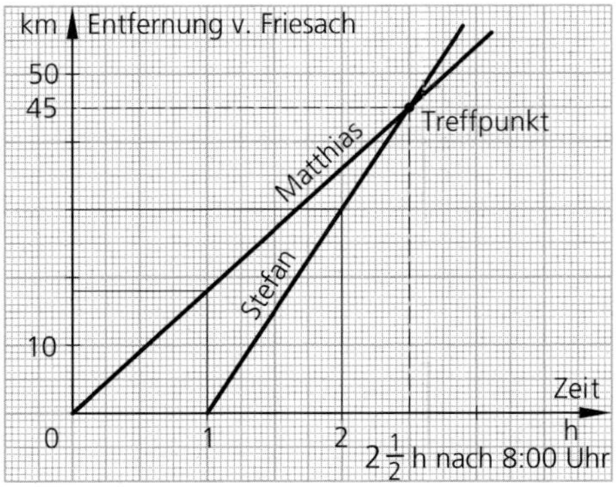

Treffpunkt: 10:30 Uhr, 45 km von Friesach entfernt.

501 The distance is 8.4 km. The times are 24 min and 28 min.

502 Der Güterzug hat eine Länge von 120 m.

503 Geschwindigkeit der Motorradfahrerin: 65 km/h, Geschwindigkeit des Radfahrers: 15 km/h; Entfernung der Treffpunkte von Lambach: 7,5 km bzw. 12 km

K **504** Vergleiche mit dem Beispiel im Buch, Seite 118!
1) … um 10:20 Uhr
2) … 35 km von Hollersbach und 42 km von Unken entfernt.
3) … 27,5 km
4) … um 9:00 Uhr

505 Der Prozentgehalt der Mischung beträgt 74 %.

506 Der Prozentgehalt der Mischung beträgt rund 16,7 % (16,66…).

507 Die Konzentration beträgt 32 %.

508 Es müssen 24 kg Wasser verdampft werden.

509 54 l alcohol of 50 % must be added.

510 Er muss 5 Liter Wasser zusetzen.

511 Der Koch muss rund 333 g 10 %igen Topfen und rund 167 g 40 %igen Topfen nehmen.

512 Man muss mit 671 ml Wasser verdünnen.

513 a) Sie muss 3,75 kg Wasser verdampfen.
b) Sie muss 2,5 kg reines Frostschutzmittel zufügen.
c) Sie muss 2 kg der Kühlflüssigkeit ersetzen.

514 a) Es entstehen 80,6 g Magnesiumoxid.
b) 48 g : 32 g = 3 : 2
c) Rund 600 g Magnesiumpulver werden zu 1 000 g Magnesiumoxid.

515 a) Es sind 504 g Kupfer und 126 g Sauerstoff enthalten.
b) … 59 g Sauerstoff
c) … 548 g Kupfer

516 a) Rund 108,1 kg Kalzium, 86,5 kg Sauerstoff und 5,4 kg Wasserstoff.
b) Rund 270,3 kg Kalzium, 216,2 kg Sauerstoff und 13,5 kg Wasserstoff.
c) Rund 2 162 kg Kalzium, 1 730 kg Sauerstoff und 108 kg Wasserstoff

K 517 Wähle zB: 5 m ≙ 1 cm!

	Mastende	Schlauchende
a)	(16,5 m | 31,5 m)	(16,5 m | 27,5 m)
b)	(36,5 m | 5,0 m)	(36,5 m | 1,0 m)
c)	(20,0 m | −22,5 m)	(20,0 m | −26,5 m)

518 1) Fließgeschwindigkeit = $\frac{\text{Förderleistung}}{\text{Rohrquerschnitt}}$; ≈ 13 km/h (12,7…)
2) ≈ 11 h (10,6…)
3) ≈ 51 km/h (50,9…) bzw. 3,2 km/h (3,18…)
Die Durchflussgeschwindigkeit wird kleiner.

K 519 1) zB: Mehrere Netze passen gut „ineinander".
2) 144 cm^3
3) Diese Formel stimmt nur, wenn man mehrere Schachteln herstellt.
4) $h = \frac{V}{x^2}$
5) $A = (4x + 1) \cdot \left(\frac{V}{x^2} + x + 2\right)$
$A = 373{,}5\ cm^2$; $A \approx 281{,}7\ cm^2$; $A \approx 261{,}4\ cm^2$; $A = 273{,}0\ cm^2$; $A \approx 304{,}2\ cm^2$;
A ist bei x = 4 cm am kleinsten.

520 a) $R = \frac{R_1 \cdot R_2}{R_1 + R_2}$
b) 1) 150 Ω; Vergleich: Der Gesamtwiderstand ist größer als jeder Teilwiderstand.
2) $33\frac{1}{3}$ Ω; Vergleich: Der Gesamtwiderstand ist kleiner als jeder Teilwiderstand.
c) $R_2 = 51\,000\,\Omega$

521 1) $R = R_1 + R_2 + R_3$

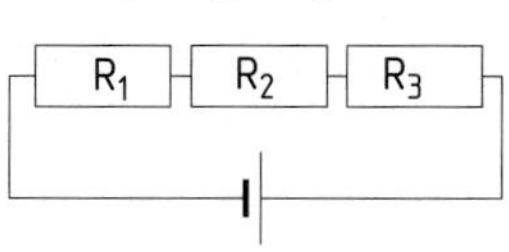

2) $R = \frac{R_1R_2R_3}{R_1R_2 + R_1R_3 + R_2R_3}$

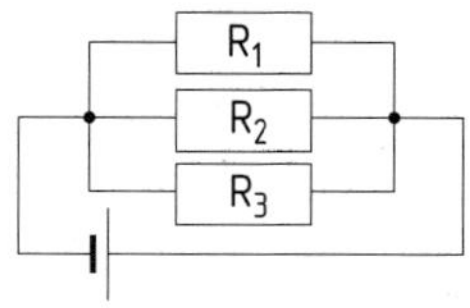

3) $R = \frac{R_1 \cdot R_2}{R_1 + R_2} + R_3$

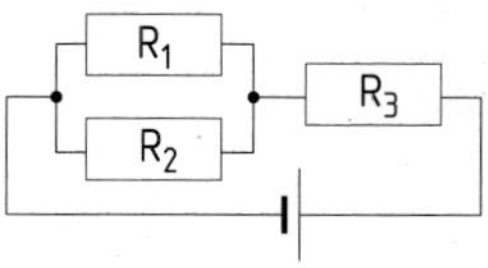

522 a) 1) Mittwoch 2) Samstag
b) 1) Sonntag 2) Mittwoch
c) 1) Montag 2) Donnerstag
d) 1) Dienstag 2) Freitag
e) 1) Donnerstag 2) Sonntag

523 a) Donnerstag
b) Mittwoch
c) Mittwoch
d) Samstag

524 a) Saturday
b) Thursday
c) Ask your mother, if you are not sure.

525 a) Montag
b) Donnerstag
c) Sonntag
d) Freitag
e) Mittwoch
f) Montag

526 bis **534** Siehe Buch Seite 275!

535 1) Anna hat 8,10 € und Max hat 10,60 € ausgegeben.
2) Anna (1,62 €) hat durchschnittlich mehr ausgegeben als Max (1,33 € (1,325)).

536 Klagenfurt: 169 Sonnenstunden (169,0…)
Lienz: 172 Sonnenstunden (172,1…)

537 Silvia: 288,5 Punkte (288,46…)
Gregor: 286,4 Punkte (286,36…)

538 a) Gregor: 281,8 Punkte (281,81…)
b) zB: Differenz (100) dividiert durch Anzahl der Spiele (22) vom ursprünglichen Wert (286,36…) abziehen.

539 a) 5,50 €
b) 5,25 €

540 In einem österreichischen Haushalt leben durchschnittlich 2,2 Personen (2,20…).

541 Stadt A: 7,04 €
Stadt B: 7,05 €

542 a) Die durchschnittlichen Einnahmen pro T-Shirt betragen 9,83 € (9,833…).
b) Die durchschnittlichen Einnahmen pro T-Shirt betragen 9,83 € (9,833…).
c) Die beiden Rechnungen unterscheiden sich nicht.

543 Die Durchschnittsgröße beträgt 1,53 m (1,534).

544 Das Durchschnittseinkommen pro Jahr beträgt 24 942 € (24 941,7…).
In den Bundesländern Wien und Niederösterreich ist das Durchschnittseinkommen höher, in allen anderen Bundesländern niedriger.

545 Die durchschnittliche Anzahl der Schülerinnen und Schüler pro Schule in Österreich betrug 191,2 (191,21…).

546 Pro Schule unterrichteten durchschnittlich 19,7 (19,70…) Lehrerinnen und Lehrer.

547 Das durchschnittliche Jahreseinkommen in dieser Firma beträgt 24 026 € (24 026,3…).

548 Das durchschnittliche Köpergewicht der Männer beträgt 75,6 kg (75,61…).

549 a) 178,0 cm (177,99…)
b) 165,9 cm (165,89…)

550 a) 18 220 € (18 220,4…)
b) 28 401 € (28 400,5…)

551 55,23 € (55,227…)

552 Silvia 300 Punkte
Gregor: 300 Punkte

553 Axel: 27 s
Bernd: 26,2 s

554 Mindestens eine Schülerin oder ein Schüler ist 1,50 m groß.

555 23 913 €

556 20

557 Silvia: 300 Punkte
Gregor: 300 Punkte

558 a) Der Median ändert sich nicht.
b) Der Modus ändert sich nicht.

559 Tanja: Median: 4 Punkte, arithmetisches Mittel: 3,6 Punkte (3,61…).
Simon: Median: 3 Punkte, arithmetisches Mittel: 3,7 Punkte (3,73…).

560 Herr Huber: Median: 200 €, arithmetisches Mittel: 230 €.
Herr Schrenk: Median: 200 €, arithmetisches Mittel: 330 €.
Herr Schmid: Median: 300 €, arithmetisches Mittel: 230 €.
Herr Mayer: Median: 300 €, arithmetisches Mittel: 320 €.

561 Median: 23 913 €, arithmetisches Mittel: 24 942 €.
Die hohen Durchschnittseinkommen in Wien und Niederösterreich lassen das arithmetische Mittel deutlich über den Median steigen.

562 a) 1) zB: Die 2. Reihe entsteht durch Addition von 2 zur jeweiligen Zahl der 1. Reihe.
2) 1. Reihe: arithmetisches Mittel: 5; Median: 5
2. Reihe: arithmetisches Mittel: 10; Median: 10
3) Ja, man muss den jeweiligen Wert der 1. Reihe mit 2 multiplizieren.
b) 1) zB: Die 2. Reihe entsteht durch Verdoppelung der jeweiligen Zahl der 1. Reihe.
2) 1. Reihe: arithmetisches Mittel: 5; Median: 5
2. Reihe: arithmetisches Mittel: 7; Median: 7
3) Ja, man muss zum jeweiligen Wert der 1. Reihe 2 addieren.

563 $q_1 = 91$, Median: 99,5, $q_3 = 106$

564 1) Median: 502, 10 %-Quantil: 464, 90 %-Quantil: 535
2) zB: Die fünf besten Schülerinnen bzw. Schüler haben mehr als 535 Punkte erreicht.

565 1) Die Mädchen haben beim Lesen die besseren Ergebnisse.
2) Ein Viertel der Mädchen hat zwischen 583,9 und 781,7 Punkte erreicht.
Ein Viertel der Buben hat zwischen 547,3 und 731,3 Punkte erreicht.

566 1) Die Buben haben in Mathematik die besseren Ergebnisse.
2) Ein Viertel der Mädchen hat zwischen 563,2 und 728,8 Punkte erreicht.
Ein Viertel der Buben hat zwischen 592,8 und 766,9 Punkte erreicht.

567 a) Der Unterschied zwischen den Medianen ist beim Lesen größer als in Mathematik.
b) Der Unterschied ist bei den Buben beim Lesen am größten.

568 a) Ungefähr 965 000 Personen haben höchstens 9 200 € verdient.
b) Ungefähr 1,93 Millionen Personen haben weniger als 17 800 € verdient.
Ungefähr 1,93 Millionen Personen haben mehr als 17 800 € verdient.
c) zB: Es gibt einige sehr hohe Einkommen.

569 1) Die Studenten sind typischerweise größer.
2) Das größte Viertel der männlichen Studierenden ist größer als alle Studentinnen.

570 1) Die Väter der Studierenden sind typischerweise größer.
2) 25 % der Väter sind mindestens 182 cm groß.
3) 25 % der Mütter sind höchstens 160 cm groß.

571

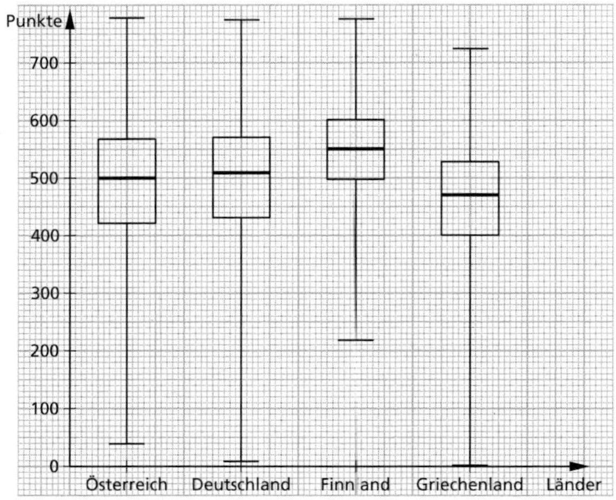

K 572 Vergleiche mit der Lösung zu Aufgabe 571!
Runde die Punkteanzahl auf Zehner und wähle zB: 100 Punkte = 1 cm!

573 $s = 0{,}054$ (0,0543…)

574 1) Ines: 0,411 (0,4112…); Marion: 0,432 (0,4320…)
2) Ja, Ines erbringt gleichmäßigere Leistungen.

575 Auf Grund der Standardabweichungen liegt die Vermutung nahe, dass die Größenunterschiede zwischen großen und kleinen männlichen Studierenden größer sind.
Die Unterschiede zwischen 1. und 3. Quantil sind bei den Frauen und Männern gleich: 9 cm.

576 Die Gewichtsunterschiede sind typischerweise bei den Männern größer.

577 a) Die Varianz beträgt jeweils 2.
Die Standardabweichung beträgt jeweils 1,414 (1,4142…).
b) $s_1^2 = 2$, $s_2^2 = 8$; $s_1 = 1{,}414$ (1,4142…), $s_2 = 2{,}828$ (2,8284…)
$s_2^2 = 4 \cdot s_1^2$ bzw. $s_2 = 2 \cdot s_1$

578 a) $q_1 = 94$, Median: 101, $q_3 = 109$
b) $s = 9{,}03$ (9,030…), $s^2 = 81{,}5475$

579 1) Carina und Thomas haben die gleiche Standardabweichung: 112 Punkte (112,0...).
2) Die Standardabweichung ändert sich auf 110 Punkte (109,8…).

580 a) $\bar{x} = 69{,}8\overline{3}$, $\tilde{x} = 73{,}5$
b) $s = 38{,}967$(38,9665…), $s^2 = 1518{,}389$ (1518,3888…)
c) $q_1 = 52$, $q_3 = 88$

581 a) Reihe 1: $\overline{x_1} = 3$; Reihe 2: $\overline{x_2} = 8$, Reihe 3: $\overline{x_3} = 6$
Reihe 1: $\tilde{x}_1 = 3$; Reihe 2: $\tilde{x}_2 = 8$, Reihe 3: $\tilde{x}_3 = 6$
Reihe 1: $s_1 = 1{,}414$ (1,4142…), Reihe 2: $s_2 = 1{,}414$ (1,4142…)
Reihe 3: $s_3 = 2{,}828$ (2,2824…)

b) $\overline{x_2} = \overline{x_1} + 5$; $\overline{x_3} = 2 \cdot \overline{x_1}$
$\tilde{x}_2 = \tilde{x}_1 + 5$; $\tilde{x}_3 = 2 \cdot x_1$
$s_2 = s_1$; $s_3 = 2 \cdot s_1$

582 a) Nein, das kann man nicht sagen.

b) Abacadabra: $q_3 - q_1 = 660$ €
Zobelberg: $q_3 - q_1 = 320$ €
Die Unterschiede zwischen höheren und niedrigeren Gehältern ist in der Firma Abacadabra deutlich größer.

583 a) Beide Autos fahren die gleiche Strecke.

b) 1. Auto: 100 km/h; 2. Auto: 103 km/h (103,3…)
1. Auto: 300 km; 2. Auto: 310 km
Das zweite Auto hat die längere Strecke zurückgelegt.

584 1) $\overline{x_A} = 21{,}547$ (21,5471…)
$\overline{x_B} = 21{,}037$ (21,0370…) Verein A hat im Durchschnitt mehr Teilnehmer.

2)

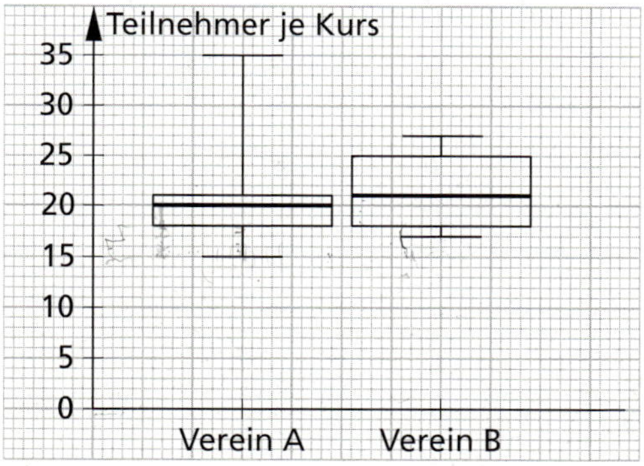

3) zB: Der Wert für das 3. Quartil ist bei Verein B höher.

4) $s_A = 4{,}583$ (4,5828…)
$s_B = 3{,}030$ (3,0304…)
Die Kurse des Vereins B sind gleichmäßiger ausgelastet.

585 bis **594** Siehe Buch Seite 275 und 276!

K **595** a) $h_a \approx 5{,}7$ cm, $h_b \approx 7{,}5$ cm, $h_c \approx 4{,}7$ cm; $A \approx 21$ cm² (21,3…)

b) $a \approx 5{,}1$ cm, $b \approx 3{,}6$ cm, $h_a \approx 3{,}5$ cm, $h_b \approx 5{,}0$ cm, $h_c \approx 2{,}6$ cm;
$A \approx 9{,}0$ cm² (9,00…)

c) $a \approx 70$ mm, $c \approx 91$ mm, $h_a \approx 34$ mm, $h_b \approx 64$ mm, $h_c \approx 26$ mm;
$A \approx 1200$ mm² (1 185,…)

d) $c \approx 73$ mm, $h_a \approx 53$ mm, $h_b \approx 62$ mm, $h_c \approx 47$ mm; $A \approx 1700$ mm² (1 705,5)

e) $b \approx 47$ mm, $h_a \approx 46$ mm, $h_b \approx 54$ mm, $h_c \approx 31$ mm; $A \approx 1300$ mm² (1 276)

f) 1. Lösung: $c \approx 93$ mm, $h_a \approx 83$ mm, $h_b \approx 38$ mm, $h_c \approx 34$ mm;
$A = 1600$ mm² (1 578,…)
2. Lösung: $c \approx 58$ mm, $h_a \approx 52$ mm, $h_b \approx 24$ mm, $h_c \approx 34$ mm; $A = 990$ mm²

K 596 a) $b \approx 6{,}9$ cm; $A = 39$ cm^2
b) $b \approx 12{,}2$ cm; $A \approx 40{,}7$ cm^2 (40,71)
c) $c \approx 54$ mm; $A \approx 1720$ mm^2 (1715,5)
d) 1. Lösung: $\beta \approx 49°$; $A \approx 23{,}5$ cm^2 (23,49)
2. Lösung: $\beta \approx 131°$; $A \approx 23{,}5$ cm^2 (23,49)

K 597 a) $a \triangleq 88$ mm, $b \triangleq 69$ mm, $c \triangleq 61$ mm,
$h_a \approx 48$ mm $\triangleq 96$ m, $h_b \approx 61$ mm $\triangleq 122$ m, $h_c \approx 69$ mm $\triangleq 138$ m;
$A \approx 8400$ m^2 (8428)
b) $c \triangleq 11{,}2$ cm, $a = b \approx 7{,}1$ cm $\triangleq 7{,}1$ m, $h_a = h_b \approx 6{,}8$ cm $\triangleq 6{,}8$ m,
$h_c \approx 4{,}3$ cm $\triangleq 4{,}3$ m; $A \approx 24{,}1$ m^2 (24,12)
c) $a = b = c \triangleq 13$ cm, $h_a = h_b = h_c \approx 11{,}3$ cm $\triangleq 56{,}5$ cm; $A \approx 1840$ cm^2 (1836,25)
d) $a \triangleq 5{,}5$ cm, $b \triangleq 4{,}0$ cm, $c \approx 6{,}8$ cm $\triangleq 1{,}36$ m; $A \approx 0{,}44$ m^2

598 zB: Von einem Dreieck kennt man a, b und α mit $a < b$.

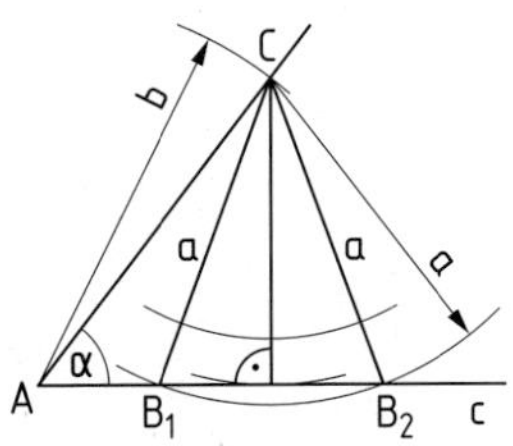

Je nachdem, ob der Kreisbogen um C mit dem Radius a den Strahl c zweimal bzw. einmal bzw. nicht schneidet, gibt es entweder zwei bzw. eine (rechtwinkliges Dreieck) bzw. keine Lösung.

599 Es gibt unendlich viele verschiedene Lösungen.
Dreiecke mit drei übereinstimmenden Winkeln nennt man ähnlich.

K 600 a) $\overline{AB} = 9$ cm, Höhe durch C = 7 cm; $A = 31{,}5$ cm^2
b) $\overline{AC} = 7$ cm, Höhe durch B = 11 cm; $A = 38{,}5$ cm^2
c) $\overline{BC} = 4$ cm, Höhe durch A = 6 cm; $A = 12$ cm^2
d) $\overline{AB} \approx 8{,}2$ cm; $\overline{BC} \approx 10{,}4$ cm; $\overline{AC} \approx 9{,}4$ cm; $A = 37$ cm^2

601 Arbeitet in Gruppen.

602 a) $h_c = 24$ cm b) $b = 7{,}4$ m

603 a) $h_c = 6{,}0$ cm c) $b = 6{,}4$ cm
b) $h_b \approx 43$ mm (42,6 …) d) $a \approx 45$ mm (44,8)

604 a) 1) Der Flächeninhalt wird verdoppelt.
2) Der Flächeninhalt wird verdoppelt.
3) Der Flächeninhalt wird viermal so groß.

b) 1) $A_1 = \frac{2a \cdot h_a}{2} = 2 \cdot \frac{a \cdot h_a}{2} = 2A$
2) $A_1 = \frac{a \cdot 2h_a}{2} = 2 \cdot \frac{a \cdot h_a}{2} = 2A$
3) $A_1 = \frac{2a \cdot 2h_a}{2} = 4 \cdot \frac{a \cdot h_a}{2} = 4A$

K 605 a) $a \approx 7{,}5$ cm; $h_c \approx 4{,}7$ cm; $A \approx 22{,}5$ cm^2 (22,53)

606 a) $x \approx 16{,}8$ m (16,7875)

607 1) $A_{AFC} = \frac{x \cdot h_c}{2}$ 2) $A_{FBC} = \frac{y \cdot h_c}{2}$
3) $A_{ABC} = A_{AFC} + A_{FBC} = \frac{x \cdot h_c}{2} + \frac{y \cdot h_c}{2} = \frac{h_c}{2} \cdot (x + y) = \frac{h_c \cdot c}{2}$, da $x + y = c$ ist.

608 $A_{ABC} = A_{FBC} - A_{FAC}$

$A_{ABC} = \frac{(c + z) \cdot h_c}{2} - \frac{h_c \cdot z}{2}$

$A_{ABC} = \frac{c \cdot h_c + z \cdot h_c}{2} - \frac{h_c \cdot z}{2} \Rightarrow A_{ABC} = \frac{c \cdot h_c}{2}$

K 609 Vergleiche mit Buch Seite 152!
a) $h_a \approx 1{,}7$ cm; $A = 7$ cm^2 (6,63)
b) $h_a \approx 5{,}4$ cm; $A = 30$ cm^2 (30,24)
c) $c \approx 4{,}4$ cm; $h \approx 3{,}7$ cm; $A = 20$ cm^2 (19,98)
d) $b \approx 4{,}3$ cm; $A = 22$ cm^2 (22,265)

610 Arbeitet in Gruppen!

611 Vergleiche mit Buch Seite 152!

612 a) $h = \frac{2A}{a + c}$ b) $c = \frac{2A}{h} - a$

613 1) $a = 9{,}7$ cm 2) $h_a = 7$ cm

614 1) $\triangle AMD \cong \triangle BCM$
$\triangle ABM \cong \triangle CDM$
$\triangle ABC \cong \triangle BCD \cong \triangle ACD \cong \triangle ABD$
2) Gleichheit der Winkel.

615 1) $\triangle SAE \sim \triangle SBF \sim \triangle SCG \sim \triangle SDH$
2) zB: $\overline{SB} : \overline{SC} = \overline{SF} : \overline{SG}$, $\overline{SA} : \overline{SB} = \overline{SE} : \overline{SF}$, $\overline{SC} : \overline{SD} = \overline{SG} : \overline{SH}$,
$\overline{SB} : \overline{SD} = \overline{SF} : \overline{SH}$, $\overline{SB} : \overline{BF} = \overline{SD} : \overline{DH}$
3) Vergleiche mit Buch Seite 233!

K 616 a) ähnlich b) ähnlich c) nicht ähnlich d) ähnlich

K 617 zB: a) $a = 8{,}0$ cm, $b = 7{,}0$ cm, $c = 9{,}0$ cm, $s_a = 7{,}0$ cm, $s_b = 7{,}8$ cm, $s_c = 6{,}0$ cm;
$a_1 = 12{,}0$ cm, $b_1 = 10{,}5$ cm, $c_1 = 13{,}5$ cm, $s_{a_1} = 10{,}5$ cm, $s_{b_1} = 11{,}6$ cm, $s_{c_1} = 9{,}0$ cm;
$a : a_1 = 2 : 3$, $s_a : s_{a_1} = 7{,}0 : 10{,}5 = 2 : 3$, …
b) $a = 8{,}0$ cm, $b = 7{,}0$ cm, $c = 9{,}0$ cm, $\rho = 2{,}2$ cm;
$a_1 = 12{,}0$ cm, $b_1 = 10{,}5$ cm, $c_1 = 13{,}5$ cm, $\rho_1 = 3{,}3$ cm;
$a : a_1 = 2 : 3$, $\rho : \rho_1 = 2{,}2 : 3{,}3 = 2 : 3$

618 zB: a) $\triangle ABM \sim \triangle A_1B_1M_1$, weil: $\overline{AB} \parallel \overline{A_1B_1}$, $s_a \parallel s_{a_1}$ und $\sphericalangle MAB = \sphericalangle M_1A_1B_1$,
daher gilt: $s_a : s_{a_1} = c : c_1$.
b) $\triangle ABI \sim \triangle A_1B_1I_1$, weil: $\overline{AB} \parallel \overline{A_1B_1}$, $\overline{BI} \parallel \overline{B_1I_1}$ und $\sphericalangle BAI = \sphericalangle B_1A_1I_1$,
daher gilt: $\rho : \rho_1 = c : c_1$.

619 $a_1 = 24$ mm, $b_1 = 18$ mm, $u_1 = 70$ mm

620 a) $a_1 = 20$ mm, $b_1 = 30$ mm, $c_1 = 40$ mm
b) $a_1 = 24$ mm, $b_1 = 36$ mm, $c_1 = 48$ mm
c) $a_1 = 36$ mm, $b_1 = 54$ mm, $c_1 = 72$ mm

K 621 a) $\alpha \approx 55°$
b) 1) $a_1 = 4$ cm; $b_1 = 2{,}4$ cm; $c_1 = 1{,}6$ cm; $d_1 = 3{,}2$ cm
2) $A : A_1 = 9 : 4$

622 a) 1) $U : U_1 = 4 : 3$ 2) $A : A_1 = 16 : 9$
b) 1) $U : U_1 = 1 : 2$ 2) $A : A_1 = 1 : 4$
c) 1) $U : U_1 = 3 : 4$ 2) $A : A_1 = 9 : 16$

623 a) 1) $a_1 = 12$ cm; $b_1 = 25{,}5$ cm 2) $A = 6{,}12$ cm^2; $A_1 = 153$ cm^2
b) 1) $a_1 = 240$ mm; $b_1 = 160$ mm 2) $A = 768$ mm^2; $A_1 = 19\,200$ mm^2

624 a) $A_1 = 576$ cm^2 b) $A_1 = 81$ cm^2

K **625** zB: **a)** Streckenzentrum B; b ≈ 7,7 cm
b) Streckenzentrum A; c ≈ 6,7 cm
c) Streckenzentrum A; b ≈ 60 mm
d) Streckenzentrum A; a ≈ 2,9 cm
e) Streckenzentrum A; a ≈ 4,2 cm
f) Streckenzentrum B; a ≈ 7,0 cm

626 Es gilt: $\overline{SC} : \overline{SA} = 1 : 3$. Wegen des Strahlensatzes (2. Teil) gilt außerdem:
$\overline{SC} : \overline{SA} = \overline{CD} : \overline{AB} \Rightarrow \overline{CD} : \overline{AB} = 1 : 3 \Rightarrow \overline{AB} = 3 \cdot \overline{CD}$

627 $\overline{AC} : \overline{AC_1} = \overline{AB} : \overline{AB_1} \Rightarrow \overline{AB} \approx 52{,}2$ m (52,15…)

628 **1)** c = 52 mm, u = 120 mm, A = 480 mm²
2) b = 45 mm, u = 120 mm, A = 540 mm²
3) a = 30 mm, u = 120 mm, A = 600 mm²
Die Umfänge sind gleich groß.

629 **1)** c = 58 mm, u = 140 mm, A = 840 mm²
2) b = 70 mm, u = 168 mm, A = 840 mm²
3) a = 15 mm, u = 240 mm, A = 840 mm²
Die Flächeninhalte sind gleich groß.

630 zB: Da das Dreieck ABC rechtwinklig ist, ist der Halbkreis durch A, B, C gleichzeitig ein Thaleskreis, daher ist im Halbierungspunkt der Seite c der Mittelpunkt des Umkreises, d. h.: $r = \frac{c}{2}$.

631 Wählt zB die Seitenlängen a = 5 cm, b = 12 cm und c = 13 cm! Flächeninhalt des Dreiecks ABC = Summe der Flächeninhalte der 3 Teildreiecke ABI, BCI und CAI; speziell:

$\rho = \frac{5 \cdot 12}{5 + 12 + 13}$ cm $\Rightarrow \rho = 2$ cm.

632

a) 1) c = 25 mm	**3)** h = 12 mm	**5)** ρ = 5 mm
2) A = 150 mm²	**4)** r ≈ 13 mm (12,5)	
b) 1) c = 16,9 cm	**3)** h = 6,0 cm	**5)** ρ = 2,6 cm
2) A = 50,7 cm²	**4)** r ≈ 8,5 cm (8,45)	
c) 1) b = 26,0 m	**3)** h = 15,6 m	**5)** ρ = 6,5 m
2) A ≈ 254 m² (253,5)	**4)** r ≈ 16,3 m (16,25)	

633

a) 1) c ≈ 55 mm (55,3…)	**3)** h ≈ 27 mm (27,3…)	**5)** ρ ≈ 11 mm (11,3…)
2) A ≈ 760 mm² (756)	**4)** r ≈ 28 mm (27,6…)	
b) 1) c ≈ 215 m (215,4…)	**3)** h ≈ 95,7 m (95,67…)	**5)** ρ ≈ 40,3 m (40,29…)
2) A ≈ 10 300 m² (10 304)	**4)** r ≈ 108 m (107,7…)	
c) 1) a ≈ 65,7 cm (65,74…)	**3)** h ≈ 47,4 cm (47,36…)	**5)** ρ ≈ 19,6 cm (19,62…)
2) A ≈ 2 250 cm² (2 245,…)	**4)** r = 47,4 cm	

634

a) 1) b = 48 mm	**3)** h ≈ 18 mm (18,4…)	**5)** ρ = 8 mm
2) c = 52 mm	**4)** r = 26 mm	
b) 1) a = 34,0 m	**3)** h ≈ 12,9 m (12,94…)	**5)** ρ ≈ 5,6 m (5,61…)
2) c ≈ 36,8 m (36,76…)	**4)** r ≈ 18,4 m (18,38…)	
c) 1) b = 65,0 cm	**3)** h = 60,0 cm	**5)** ρ = 26,0 cm
2) c = 169 cm	**4)** r = 84,5 cm	
d) 1) a = 5,0 m	**3)** h ≈ 4,9 m (4,89…)	**5)** ρ = 2,2 m (2,24…)
2) c ≈ 25 m (24,5…)	**4)** r ≈ 12 m (12,2…)	

635 1) $a = 13.5$ cm 2) $A = 48.6\ cm^2$

K **636** zB: Kathetenlänge x = Differenz der x-Koordinaten = 5 cm;
Kathetenlänge y = Differenz der y-Koordinaten = 3 cm;
pythagoreischer Lehrsatz: $z = \sqrt{x^2 + y^2}$ …

K **637** a) $\overline{PQ} \approx 7{,}8$ cm (7,81…) c) $\overline{TU} \approx 8{,}1$ cm (8,06…)
b) $\overline{RS} \approx 6{,}4$ cm (6,40…) d) $\overline{VW} \approx 8{,}5$ cm (8,54…)

638 a) $a = 10$ cm, $b \approx 7{,}8$ cm (7,81…), $c \approx 11{,}2$ cm (11,18…), $u \approx 29$ cm (28,99…)
b) $a \approx 8{,}9$ cm (8,94…), $b \approx 13{,}4$ cm (13,41…), $c \approx 10{,}8$ cm (10,77…), $u \approx 33{,}1$ cm (33,13…)
c) $a \approx 7{,}2$ cm (7,21…), $b \approx 8{,}5$ cm (8,54…), $c \approx 7{,}3$ cm (7,28…), $u \approx 23$ cm (23,03…)
d) $a \approx 6{,}3$ cm (6,32…), $b \approx 17{,}5$ cm (17,49…), $c \approx 13{,}3$ cm (13,34…), $u \approx 37{,}2$ cm (37,15…)

639 a) $A = 38\ cm^2$ b) $A = 48\ cm^2$ c) $A = 25\ cm^2$ d) $A = 36\ cm^2$

K **640** 1) Zeichne über MP = z den Halbkreis (Thaleskreis)!
2) a) $x = 70$ mm b) $x = 7{,}7$ cm c) $x \approx 62$ mm (62,2…)

K **641** a) $z = 100$ mm c) $z \approx 75$ mm (75,3…) e) $z \approx 64$ mm (63,5…)
b) $z = 53$ mm d) $z \approx 40$ mm (39,5…)

K **642** 1) Vergleiche mit Buch Seite 160!
2) $z \approx 9{,}2$ cm (9,21…); $x \approx 8{,}7$ cm (8,71…)

643 a) $t \approx 107$ km (106,6…) c) $t \approx 196$ km (195,7…) e) $t \approx 248$ km (247,5…)
b) $t \approx 164$ km (163,7…) d) $t \approx 220$ km (220,2…) f) $t \approx 335$ km (335,2…)

644 a) Es gilt: $t \approx 113 \cdot \sqrt{h} \Rightarrow t \approx 113 \cdot \sqrt{\frac{h \cdot 1000}{1000}} \Rightarrow t \approx \frac{113}{\sqrt{1000}} \cdot \sqrt{h \cdot 1000} \Rightarrow$
$\Rightarrow t \approx 3{,}6 \cdot \sqrt{h \cdot 1000}$, mit h km = h · 1000 m.
b) 1) $t \approx 3{,}6$ km 2) $t \approx 4{,}7$ km (4,69…)
c) $t \approx 17$ km (17,26…)

645 Der Volksmund hat recht (≈ 217 km).

646 a) h ist in diesem Fall im Vergleich zu R und t nicht mehr vernachlässigbar klein.
$t \approx 2290$ km (2292,5…)
b) Man müsste unendlich weit entfernt sein.

647 a) $b = 156$ mm, $c = 169$ mm, $h = 60$ mm, $A = 5070\ mm^2$
b) $a \approx 42$ mm (42,3…), $c \approx 73$ mm (73,4…), $h \approx 35$ mm (34,6…), $A \approx 1270\ mm^2$ (1271,…)
c) $a = 26{,}0$ cm, $c = 32{,}5$ cm, $h = 15{,}6$ cm, $A = 253{,}5\ cm^2$
d) $b \approx 0{,}7$ m (0,66…), $c \approx 0{,}8$ m (0,83…), $h = 0{,}4$ m, $A \approx 0{,}2\ m^2$ (0,16…)
e) $b \approx 4{,}1$ m (4,06…), $c \approx 8{,}6$ m (8,62…), $h \approx 3{,}6$ m (3,58…), $A \approx 15{,}5\ m^2$ (15,46…)
f) $a \approx 101$ cm (101,1…), $c \approx 104$ cm (104,1…), $h \approx 24$ cm (24,2…), $A \approx 1260\ cm^2$ (1264,…)

648 a) $a = 30$ mm, $b = 40$ mm, $c = 50$ mm, $A = 600\ mm^2$, $h = 24$ mm
b) $a = 6{,}0$ m, $b = 8{,}0$ m, $c = 10$ m, $A = 24\ m^2$, $h = 4{,}8$ m
c) $a = 19{,}5$ cm, $b = 26{,}0$ cm, $c = 32{,}5$ cm, $A \approx 254\ cm^2$ (253,5), $h = 15{,}6$ cm
d) $a = 1{,}56$ m, $b = 0{,}65$ m, $c = 1{,}69$ m, $A = 0{,}507\ m^2$, $h = 0{,}60$ m
e) $a \approx 40$ mm (40,4…), $b \approx 76$ mm (75,9…), $c = 86$ mm, $A \approx 1530\ mm^2$ (1534,…),
$h \approx 36$ mm (35,6…)
f) $a \approx 51$ m (51,0…), $b \approx 27$ m (27,4…), $c = 58$ m, $A \approx 701\ m^2$ (701,4…),
$h \approx 24$ m (24,1…)

649 a) $a \approx 2{,}8$ cm (2,82…)
b) $a \approx 3{,}5$ cm (3,46…)
c) $a \approx 4{,}6$ cm (4,58…)
d) $a \approx 2{,}6$ cm (2,64…)
e) $a \approx 3{,}6$ cm (3,60…)

650 a) $a = 136$ mm, $b = 255$ mm, $c = 289$ mm, $A = 17\,340$ mm^2
b) $a = 580$ mm, $b = 609$ mm, $c = 841$ mm, $A \approx 177\,000$ mm^2 (176 610)
c) $a = 18{,}72$ m, $b = 7{,}80$ m, $c = 20{,}28$ m, $A \approx 73$ m^2 (73,0…)

651 a) $c = 125$ mm, $p \approx 10$ mm (9,8), $q \approx 115$ mm (115,2),
$h \approx 34$ mm (33,6), $A = 2\,100$ mm^2, $r \approx 63$ mm (62,5), $\rho = 15$ mm
b) $a = 65$ mm, $c = 169$ mm, $p = 25$ mm, $q = 144$ mm,
$A = 5\,070$ mm^2, $r \approx 85$ mm (84,5), $\rho = 26$ mm
c) $b = 25{,}5$ cm, $c = 28{,}9$ cm, $p = 6{,}4$ cm, $q = 22{,}5$ cm,
$A = 173{,}4$ cm^2, $r \approx 14{,}5$ cm (14,45), $\rho = 5{,}1$ cm
d) $a \approx 19{,}3$ cm (19,28…), $b \approx 27{,}8$ cm (27,76…), $p = 11{,}0$ cm,
$h \approx 15{,}8$ cm (15,83…), $A \approx 268$ cm^2 (267,6…), $r = 16{,}9$ cm, $\rho \approx 6{,}6$ cm (6,62…)
e) $a = 105$ mm, $b = 140$ mm, $q = 112$ mm, $h = 84$ mm,
$A = 7\,350$ mm^2, $r \approx 88$ mm (87,5), $\rho = 35$ mm
f) $b \approx 14{,}5$ m (14,45…), $c \approx 34{,}2$ m (34,20…), $p \approx 28{,}1$ m (28,09…),
$q \approx 6{,}1$ m (6,10…), $h \approx 13{,}1$ m (13,09…), $r \approx 17{,}1$ m (17,10…), $\rho \approx 5{,}6$ m (5,62…)

652 1) Es gilt: $\alpha + \delta + \beta = 180°$ und $\alpha + \beta = 90°$
Daraus folgt: $\delta = 90° \Rightarrow$ das blaue Viereck ist ein Quadrat.
2) $c^2 = (a + b)^2 - 4 \cdot A_{\text{rechtwinkliges Dreieck}}$
3) Für jedes rechtwinklige Dreieck gilt $A = \frac{1}{2} \cdot a \cdot b$
Daraus folgt: $c^2 = (a + b)^2 - 4 \cdot \frac{1}{2} \cdot a \cdot b \Rightarrow c^2 = a^2 + 2ab + b^2 - 2ab \Rightarrow c^2 = a^2 + b^2$

653 Vergleiche mit der Lösung zu Beispiel 652!

K **654** 1–3) Vergleiche mit der Figur im Buch Seite 164!
zB: 4) $A_1 = (a - b)^2$
5)
$$A_1 + 4 \cdot A_2 = A_3$$
$$(a - b)^2 + 4 \cdot \frac{ab}{2} = c^2$$
$$a^2 - 2ab + b^2 + 2ab = c^2$$
$$\underline{a^2 + b^2 = c^2}$$

K **655** zB: 1), 2), 3) Es gilt: $a^2 + b^2 = c^2$ und $a^2 + b^2 = x^2$, daraus folgt: $c^2 = x^2 \Rightarrow c = x$,
d. h.: Die beiden Dreiecke sind kongruent und das Dreieck mit den Seitenlängen a, b und c ist auch rechtwinklig.

656 $A_1 = \frac{a^2}{c^2} \cdot A_1 + \frac{b^2}{c^2} \cdot A_1 \Rightarrow c^2 \cdot A_1 = a^2 \cdot A_1 + b^2 \cdot A_1 \Rightarrow c^2 = a^2 + b^2$

657 Vergleiche mit der Lösung zu Beispiel 656!

658 a) 1) $d \approx 20{,}1$ m (20,12…)   2) $d \approx 12{,}7$ m (12,72…)
b) 1) $d \approx 17{,}9$ m (17,88…)   2) $d \approx 11{,}3$ m (11,31…)

659 a) $d = 6.5$ cm   b) $d \approx 17.8$ cm (17.81…)

660 a) 1) $b = 39$ mm   2) $A = 3\,120$ mm^2 3) $u = 238$ mm
b) 1) $a = 72{,}0$ m   2) $A = 547{,}2$ m^2 3) $u = 159{,}2$ m
c) 1) $b \approx 220$ m (220,0…)   2) $A \approx 43\,570$ m^2 (43 565,…)   3) $u \approx 836$ m (836,0…)

661 a) 1) Höhe: 22,2 cm, Breite: 29,6 cm 2) Höhe: ≈ 18,1 cm (18,13…), Breite: ≈ 32,2 cm (32,24…)
b) 1) Höhe: 33 cm, Breite: 44 cm 2) Höhe: ≈ 27,0 cm (26,96…), Breite: ≈ 47,9 cm (47,93…)
c) 1) Höhe: 43,2 cm, Breite: 57,6 cm 2) Höhe: ≈ 35,3 cm (35,29…), Breite: ≈ 62,8 cm (62,75…)

662 a) a = 16 mm, b = 12 mm, r = 10 mm b) a = 28,8 m, b = 26,0 m, r = 19,4 m

663 a) Der Fliesenschneider muss zumindest 36 cm (35,3…) lang sein.
b) Der Fliesenschneider muss zumindest 43 cm (42,4…) lang sein.

664 a) 1) $A = 4900\ cm^2$ 2) d ≈ 99 cm (98,9…)
b) 1) $A = 1{,}21\ m^2$ 2) d ≈ 1,56 m (1,555…)
c) 1) $A = 1{,}96\ m^2$ 2) d ≈ 1,98 m (1,979…)
d) 1) $A \approx 3{,}06\ m^2$ (3,0625) 2) d ≈ 2,47 m (2,474…)
e) 1) $A \approx 4{,}20\ m^2$ (4,2025) 2) d ≈ 2,90 m (2,899…)

665 a) 1) a ≈ 3,5 cm (3,53…) 2) $A = 12{,}5\ cm^2$ 3) ρ ≈ 1,8 cm (1,76…) 4) r = 2,5 cm
b) 1) a ≈ 4,7 cm (4,73…) 2) $A \approx 22{,}4\ cm^2$ (22,445) 3) ρ ≈ 2,4 cm (2,36…) 4) r ≈ 3,4 cm (3,35)
c) 1) a ≈ 587 mm (586,8…) 2) $A \approx 344500\ mm^2$ (344450) 3) ρ ≈ 293 mm (293,4…) 4) r = 415 mm
d) 1) a ≈ 0,81 m (0,813…) 2) $A \approx 0{,}66\ m^2$ (0,66125) 3) ρ ≈ 0,41 m (0,406…) 4) r ≈ 0,58 m (0,575)
e) 1) a ≈ 0,53 m (0,530…) 2) $A \approx 0{,}28\ m^2$ (0,281…) 3) ρ ≈ 0,27 m (0,265…) 4) r ≈ 0,38 m (0,375)

666 $a = \frac{u}{2} - b,\ d = \sqrt{2b^2 - bu + \frac{u^2}{4}},\ A = b\left(\frac{u}{2} - b\right)$

667 $b = \frac{A}{a},\ u = 2\left(a + \frac{A}{a}\right),\ d = \sqrt{a^2 + \frac{A^2}{a^2}}$

668 a) $d = a\sqrt{2},\ u = 4a,\ A = a^2$ c) $a = \frac{u}{4},\ d = \frac{u\sqrt{2}}{4},\ A = \frac{u^2}{16}$
b) $a = \frac{d}{\sqrt{2}},\ u = \frac{4d}{\sqrt{2}},\ A = \frac{d^2}{2}$ d) $a = \sqrt{A},\ d = \sqrt{2A},\ u = 4\sqrt{A}$

669 a) $A = \frac{13a^2}{18}$ b) $u = \frac{10a\sqrt{2}}{3}$

670 Der Flächeninhalt beträgt rund $33{,}6\ m^2$ (33,59…).

671 a) 1) $h_c \approx 61$ mm (61,1…) 2) $A \approx 4530\ mm^2$ (4525, …) 3) $h_a \approx 94$ mm (94,2…)
b) 1) a ≈ 10,2 cm (10,20…) 2) $A \approx 48{,}7\ cm^2$ (48,72) 3) $h_a \approx 9{,}5$ cm (9,54…)
c) 1) c ≈ 13,6 m (13,61…) 2) $A \approx 28{,}6\ m^2$ (28,59…) 3) $h_a \approx 7{,}15$ m (7,149…)
d) 1) a ≈ 2,77 m (2,772…) 2) $A \approx 2{,}07\ m^2$ (2,0748) 3) $h_a \approx 1{,}50$ m (1,496…)
e) 1) $h_c = 6{,}0$ cm 2) $A = 15\ cm^2$ 3) $h_a \approx 4{,}6$ cm (4,61…)

672 a) 1) s ≈ 3,25 m (3,252…) 2) $A \approx 30{,}6\ m^2$ (30,59)
b) 1) s = 4,00 m 2) $A \approx 30{,}9\ m^2$ (30,92…)
c) 1) s ≈ 7,97 m (7,972…) 2) $A \approx 193\ m^2$ (192,95)

673 $h_c = 35.2$ cm, $A = 401.3\ cm^2$ (401.28)

674 Die Balkenlängen sind von oben nach unten angegeben.
a) 4,24 m (4,242…), 2,83 m (2,828…), 9,90 m (9,899…)
b) 1,73 m (1,732…), 2,00 m, 2,60 m (2,598…), 5,00 m

675 a) z = 1,6 cm c) z = 2,8 m
b) z ≈ 13 m (13,0…) d) z ≈ 8,90 cm (8,899…)

676 a) 1) $h \approx 6{,}9$ cm (6,92…) 2) $A \approx 27{,}7\ cm^2$ (27,71…)
b) 1) $h \approx 50{,}2$ mm (50,22…) 2) $A \approx 1456{,}7\ mm^2$ (1456,65…)
c) 1) $h \approx 3{,}0$ cm (3,03…) 2) $A \approx 5{,}3\ cm^2$ (5,30…)
d) 1) $h \approx 4{,}1$ m (4,07…) 2) $A \approx 9{,}6\ m^2$ (9,56…)
e) 1) $h \approx 5{,}5$ m (5,54…) 2) $A \approx 17{,}7\ m^2$ (17,73…)

K **677** $h \approx 6.1$ cm (6.14…); $A \approx 21.8\ cm^2$ (21.82…)

678 a) $A \approx 271\ cm^2$ (270,6…) c) $A \approx 877\ cm^2$ (876,8…)
b) $A \approx 625\ cm^2$ (625,2…) d) $A \approx 1360\ cm^2$ (1357,…)

679 a) 1) $a \approx 74$ mm (73,9…) 2) $A \approx 2360\ mm^2$ (2364,…)
b) 1) $a \approx 13{,}9$ cm (13,85…) 2) $A \approx 83{,}1\ cm^2$ (83,13…)
c) 1) $a \approx 5{,}7$ m (5,65…) 2) $A \approx 13{,}9\ m^2$ (13,86…)
d) 1) $a \approx 17{,}0$ cm (16,97…) 2) $A \approx 125\ cm^2$ (124,7…)

680 a) 1) $a \approx 11$ mm (10,5…) 2) $h \approx 9$ mm (9,1…)
b) 1) $a \approx 12{,}3$ cm (12,31…) 2) $h \approx 10{,}7$ cm (10,66…)
c) 1) $a \approx 29$ mm (29,4…) 2) $h \approx 25$ mm (25,4…)
d) 1) $a \approx 10{,}7$ m (10,65…) 2) $h \approx 9{,}2$ m (9,23…)

681 zB: Das Dreieck AM_1M ist gleichseitig, weil das Dreieck ADM die Winkel 30°, 90° und 60° hat. Daher gilt: $\overline{M_1D} = \overline{DM} = \frac{1}{2}\overline{AM} = \frac{1}{2}\overline{CM}$;
d. h.: $\rho = \frac{1}{3}h = \frac{a}{6}\sqrt{3}$ und $r = \frac{2}{3}h = \frac{a}{3}\sqrt{3}$.

682 a) 1) $h \approx 32$ mm (32,0…) 3) $\rho \approx 11$ mm (10,6…)
2) $A \approx 593\ mm^2$ (592,7…) 4) $r \approx 21$ mm (21,3…)
b) 1) $a \approx 62$ mm (62,3…) 3) $\rho = 18$ mm
2) $A \approx 1680\ mm^2$ (1683,…) 4) $r = 36$ mm
c) 1) $h \approx 6{,}8$ cm (6,75…) 3) $\rho \approx 2{,}3$ cm (2,25…)
2) $A \approx 26\ cm^2$ (26,3…) 4) $r \approx 4{,}5$ cm (4,50…)
d) 1) $a \approx 27{,}0$ dm (27,01…) 3) $\rho = 7{,}8$ dm
2) $A \approx 316\ dm^2$ (316,1…) 4) $r = 15{,}6$ dm

K **683** a) $A \approx 23\ cm^2$ (23,3…) b) $A \approx 5260\ mm^2$ (5261,…) c) $A \approx 103\ cm^2$ (103,1…)

684 a) $u = 6a$ b) $A = \frac{3\sqrt{3}\,a^2}{2}$

685 1) Der Flächeninhalt eines Rasenziegels beträgt rund $3{,}5\ m^2$ (3,50…).
2) Die Seitenlänge beträgt rund 1,16 m (1,162…).

686 a) $A \approx 500\ cm^2$ (498,…) b) $A \approx 1250\ cm^2$ (1250,…) c) $A \approx 2720\ cm^2$ (2715,…)

687 $a \approx 1{,}24$ m (1,240…)

K **688** 1) Wähle zB: $a = 8$ cm!
2) $s = a(\sqrt{2} - 1)$
3) $\alpha = 135°$

689 $a \approx 79{,}7$ cm (79,669…)

690 a) 1) $f = 24$ mm 2) $A = 840\ mm^2$ 3) $\rho \approx 11$ mm (11,3…)
b) 1) $e = 9{,}6$ cm 2) $A = 19{,}2\ cm^2$ 3) $\rho \approx 1{,}8$ cm (1,84…)
c) 1) $f = 120$ mm 2) $A = 26\,520\ mm^2$ 3) $\rho \approx 58$ mm (57,9…)
d) 1) $e \approx 58{,}1$ cm (58,12…) 2) $A \approx 593\ cm^2$ (592,8…) 3) $\rho \approx 9{,}6$ cm (9,62…)

691 a) 1) $h \approx 4{,}3$ cm (4,33…) 2) $A \approx 22\ cm^2$ (21,6…)
b) 1) $h \approx 35$ mm (34,6…) 2) $A \approx 1\,390\ mm^2$ (1 385,…)
c) 1) $h \approx 3{,}3$ dm (3,29…) 2) $A \approx 12{,}5\ dm^2$ (12,50…)
d) 1) $h \approx 13{,}3$ dm (13,25…) 2) $A \approx 203\ dm^2$ (202,7…)

692 a) 1) $e = 40$ mm, $f = 30$ mm 2) $A = 600\ mm^2$
b) 1) $e \approx 54$ mm (53,6…), $f \approx 27$ mm (26,8…) 2) $A = 720\ mm^2$
c) 1) $e = 31{,}2$ cm, $f = 13{,}0$ cm 2) $A \approx 203\ cm^2$ (202,8)
d) 1) $e = 28{,}0$ cm, $f = 21{,}0$ cm 2) $A = 294\ cm^2$

693 a) 1) $f = 9{,}6$ cm 2) $u = 29{,}2$ cm
b) 1) $e = 128$ mm 2) $u = 320$ mm
c) 1) $e = 12$ cm, $f = 9{,}0$ cm 2) $u = 30$ cm
d) 1) $e \approx 46{,}0$ dm (45,98…), $f \approx 18{,}0$ dm (18,04…) 2) $u = 98{,}8$ dm

694 a) zB: Im gleichseitigen Dreieck gilt: Der Höhenschnittpunkt H (= S = U = I) teilt jede Höhe im Verhältnis 2 : 1. Nach dem 2. Teil des Strahlensatzes gilt daher: Jede gezogene Parallele durch H hat die Länge $\frac{2}{3}a$, also wird die Seite a gedrittelt. Daher hat jede rote Teilfigur vier gleich lange Seiten.
b) Dreieck: $A = \frac{a^2\sqrt{3}}{4}$
3 Rhomben: $A = 3 \cdot \left(\frac{a}{3} \cdot \frac{a}{6}\sqrt{3}\right) = \frac{a^2 \cdot \sqrt{3}}{6}$

695 a) 1) $e = 195$ mm, $f = 125$ mm 2) $h_b \approx 124$ mm (123,5…)
b) 1) $e = 11{,}7$ cm, $f = 7{,}5$ cm 2) $h_a \approx 7{,}4$ cm (7,41…)
c) 1) $e \approx 22{,}2$ cm (22,24…), $f = 11{,}6$ cm 2) $h_a \approx 11{,}4$ cm (11,44)
d) 1) $e \approx 1{,}54$ m (1,538…), $f \approx 1{,}40$ m (1,400…) 2) $h_b \approx 1{,}39$ m (1,392)

696 a) 1) $u = 360$ mm 2) $A = 6\,720\ mm^2$ 3) $f = 100$ mm
b) 1) $u = 108$ cm 2) $A \approx 605\ cm^2$ (604,8) 3) $e = 46{,}8$ cm
c) 1) $u = 350$ mm 2) $A = 3\,600\ mm^2$ 3) $e \approx 159$ mm (158,8…)
d) 1) $u = 47{,}2$ cm 2) $A \approx 84{,}5\ cm^2$ (84,48) 3) $e \approx 21{,}7$ cm (21,73…)

697 Es gilt: $e^2 = h_a^2 + (a + m)^2$, $f^2 = h_a^2 + (a - m)^2$, $h_a^2 = b^2 - m^2$,
daraus folgt: $\underline{e^2 + f^2} = (h_a^2 + a^2 + 2am + m^2) + (h_a^2 + a^2 - 2am + m^2) =$
$= 2\,(h_a^2 + a^2 + m^2) = 2\,(b^2 - m^2 + a^2 + m^2) = \underline{2\,(a^2 + b^2)}$

698 a) 1) $c = 30$ mm, $e = 37$ mm 2) $u = 96$ mm 3) $A = 420\ mm^2$
b) 1) $h = 1{,}5$ cm, $e = 3{,}9$ cm 2) $u = 10{,}6$ cm 3) $A = 5{,}4\ cm^2$
c) 1) $b = 15{,}3$ cm, $e = 22{,}5$ cm 2) $u = 66{,}6$ cm 3) $A = 243\ cm^2$
d) 1) $a = 108$ mm, $b = 75$ mm 2) $u = 276$ mm 3) $A = 3\,780\ mm^2$
e) 1) $b = 90$ mm, $c = 42$ mm 2) $u = 372$ mm 3) $A \approx 6\,910\ mm^2$ (6 912)
f) 1) $h = 4{,}0$ cm, $b = 4{,}1$ cm 2) $u = 16{,}6$ cm 3) $A = 16{,}8\ cm^2$

699 a) 1) $u = 186$ cm 2) $e = 60$ cm
b) 1) $u = 166$ mm 2) $e = 65$ mm
c) 1) $u = 66{,}6$ cm 2) $e = 22{,}5$ cm
d) 1) $u = 308$ m 2) $e = 104$ m

700 1) $e = f = 11.1$ cm 2) $A = 37.8$ cm^2

701 a) Der Inhalt der Querschnittsfläche beträgt 76,5 m^2.
b) Die Länge der Kanalböschung beträgt rund 8,75 m (8,746…).

702 … außen: je ≈ 7,32 m (7,324…); innen: je ≈ 7,02 m (7,017…)

703 … außen: je ≈ 7,22 m (7,223…); innen: je ≈ 5,86 m (5,859…)

704 a) Kante: ≈ 6,62 m (6,618…); A ≈ 20,8 m^2 (20,79)
b) Kante: ≈ 3,83 m (3,832…); A ≈ 12,4 m^2 (12,35)
c) Kante: ≈ 2,94 m (2,942…); A ≈ 8,56 m^2 (8,555)

705 a) Es gilt: $x = \frac{a}{\sqrt{3}}$
AEMGD: $u = a\left(2 + \frac{1}{\sqrt{3}}\right)$; $A = a^2\left(\frac{1}{2} - \frac{1}{4\sqrt{3}}\right)$
EBFM bzw. MFCG: $u = \frac{3}{2}a\left(1 + \frac{1}{\sqrt{3}}\right)$; $A = \frac{a^2}{8}\left(2 + \frac{1}{\sqrt{3}}\right)$
b) AEMGD: ≈ 36 % (35,5…) von a^2
EBFM bzw. MFCG: ≈ 32 % (32,2…) von a^2

706 a) 1) u = 128 mm 2) e ≈ 47 mm (46,6…), f = 40 mm 3) A = 864 mm^2
b) 1) u = 68,4 cm 2) e ≈ 25,7 cm (25,73…), f = 21,0 cm 3) A ≈ 270 cm^2 (269,64)
c) 1) u = 448 mm 2) e ≈ 163 mm (163,2…), f = 140 mm 3) A ≈ 10 600 mm^2 (10 584)
d) 1) u = 30,4 cm 2) e ≈ 10,8 cm (10,82…), f = 7,8 cm 3) A = 26,4 cm^2

707 x = 17,00 m, y ≈ 25,74 m (25,738...), z = 21,00 m

K **708** 1) Vergleiche mit der Figur im Buch Seite 177!
a) 2) e = 40 mm 3) A = 480 mm^2
b) 2) e ≈ 19,9 cm (19,87…) 3) A ≈ 77,5 cm^2 (77,51…)

K **709** 1) Vergleiche mit der Figur im Buch Seite 177!
a) 2) b = 16,9 cm 3) A ≈ 203 cm^2 (202,8)
b) 2) a = 26,0 cm 3) A = 900 cm^2

710 a) b ≈ 10.0 cm (10.04...), A = 61.2 cm^2
b) a = 33.9 cm, A = 163.8 cm^2

711 a) u ≈ 115 mm (114,7…) c) u = 102,4 m
b) u = 34,4 m d) u ≈ 30,8 cm (30,84…)

K **712** 1) Beginne zB mit den Geraden AE ⊥ CG!
a) 2) A ≈ 8,5 cm^2 (8,48…) 3) u ≈ 19,2 cm (19,19…)
b) 2) A ≈ 22,6 cm^2 (22,62…) 3) u ≈ 23,6 cm (23,57…)
c) 2) A ≈ 42,4 cm^2 (42,42…) 3) u ≈ 28,6 cm (28,60…)
d) 2) A ≈ 33,9 cm^2 (33,94…) 3) u ≈ 38,4 cm (38,39…)

713 1) $A = 2\,r\,\rho\sqrt{2}$ 2) $u = 8\sqrt{r^2 + \rho^2 - r\,\rho\sqrt{2}}$

714 d = 26 cm

715 $\overline{M_1M_2} = 25$ cm

716 1) 2)

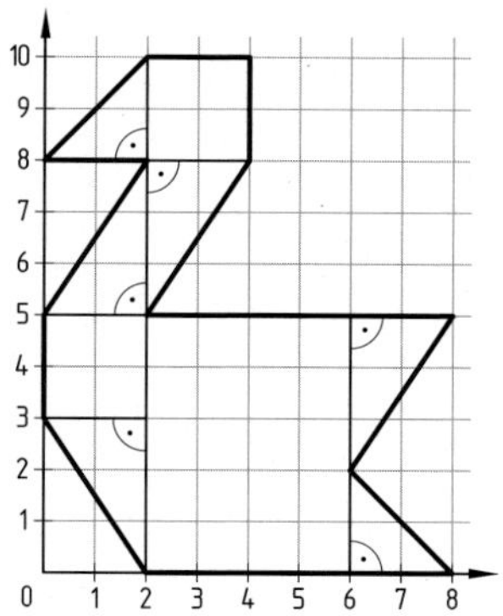

3) $A = 44\ cm^2$

4) $u = 20 + 2\sqrt{8} + 4\sqrt{13} \Rightarrow u \approx 40{,}1$ cm (40,07…)

717 40 %

718 a) $\approx 22{,}4$ m (22,36..) b) $\approx 44{,}7$ m (44,73...)

719 $s = \frac{a^2 + b^2}{2a}$

720 bis **733** Siehe Buch Seite 276!

734 a) 1) $d_1 = 51$ cm, $d_2 = 74$ cm, $d_3 \approx 83$ cm (83,2…)
2) $d \approx 87$ cm (86,6…)
3) $O \approx 11\,800\ cm^2$ (11 820)
4) $V = 75\,600\ cm^3$

b) 1) $d_1 = 148$ cm, $d_2 \approx 141$ cm (141,4…), $d_3 = 52$ cm
2) $d \approx 149$ cm (149,3…)
3) $O \approx 21\,000\ cm^2$ (20 960)
4) $V \approx 134\,000\ cm^3$ (134 400)

c) 1) $d_1 \approx 92$ mm (91,9…), $d_2 = d_3 = 169$ mm
2) $d \approx 181$ mm (181,0…)
3) $O \approx 49\,000\ mm^2$ (49 010)
4) $V \approx 659\,000\ mm^3$ (659 100)

d) 1) $d_1 = d_3 = 11{,}6$ m, $d_2 \approx 11{,}3$ m (11,31…)
2) $d \approx 14{,}1$ m (14,09…)
3) $O \approx 397\ m^2$ (396,8)
4) $V \approx 538\ m^3$ (537,6)

735 a) 1) $a \approx 12$ mm (<u>12,4…</u>) 3) $d \approx 22$ mm (21,9…)
2) $d_1 \approx 18$ mm (17,6…), $d_2 \approx 18$ mm (18,0…)

b) 1) $a = 25$ cm 3) $d \approx 84$ cm (83,8…)
2) $d_1 \approx 35$ cm (35,3…), $d_2 \approx 80$ cm (80,0…)

c) 1) $a \approx 3{,}4$ dm (<u>3,39…</u>) 3) $d \approx 8{,}5$ dm (8,49…)
2) $d_1 \approx 4{,}8$ dm (4,80…), $d_2 \approx 7{,}8$ dm (7,78…)

d) 1) $a \approx 7{,}8$ m (<u>7,81…</u>) 3) $d \approx 11{,}9$ m (11,93…)
2) $d_1 \approx 11{,}1$ m (11,05…), $d_2 \approx 9{,}0$ m (9,02…)

K **736** a) 1) $h = 38$ cm (37,5) 4) $h = 6$ cm
2) $h = 17$ cm (16,6…) 5) $h = 4$ cm (4,1…)
3) $h = 9$ cm (9,3…)

b) Wähle zB für die Grundkante a: 2 cm $\triangleq$ 1 cm, für die Höhe h: 4 cm $\triangleq$ 1 cm!

737 Nein, da die Raumdiagonale des Liftes nur rund 3,3 m (3,27…) beträgt.

738 zB. 1. Raumdiagonale $d = \overline{AG}$: $d_1^2 = a^2 + b^2 \Rightarrow d = \sqrt{d_1^2 + c^2} = \sqrt{a^2 + b^2 + c^2}$

2. Raumdiagonale $d = \overline{BH}$: $d_1^2 = a^2 + b^2 \Rightarrow d = \sqrt{d_1^2 + c^2} = \sqrt{a^2 + b^2 + c^2}$

3. Raumdiagonale $d = \overline{CE}$: $d_1^2 = a^2 + b^2 \Rightarrow d = \sqrt{d_1^2 + c^2} = \sqrt{a^2 + b^2 + c^2}$

4. Raumdiagonale $d = \overline{DF}$: $d_1^2 = a^2 + b^2 \Rightarrow d = \sqrt{d_1^2 + c^2} = \sqrt{a^2 + b^2 + c^2}$

739
a) 1) $d_1 \approx 10{,}2$ cm (10,18…) 2) $d \approx 12{,}5$ cm (12,47…) 3) $V \approx 373$ cm³ (373,248) 4) $O \approx 311$ cm² (311,04)
b) 1) $d_1 \approx 6{,}1$ m (6,08…) 2) $d \approx 7{,}4$ m (7,44…) 3) $V \approx 80$ m³ (79,507) 4) $O \approx 111$ m² (110,94)
c) 1) $d_1 \approx 2{,}84$ m (2,842…) 2) $d \approx 3{,}48$ m (3,481…) 3) $V \approx 8{,}12$ m³ (8,120…) 4) $O \approx 24{,}2$ m² (24,24…)
d) 1) $d_1 \approx 4{,}82$ km (4,822…) 2) $d \approx 5{,}91$ km (5,906…) 3) $V \approx 39{,}7$ km³ (39,65…) 4) $O \approx 69{,}8$ km² (69,76…)

740
a) 1) $V \approx 311$ cm³ (311.04) 2) $O \approx 285$ cm² (285.12) 3) $d \approx 12.5$ cm (12.48…)
b) 1) $V \approx 25$ m³ (24.576) 2) $O \approx 51$ m² (51.2) 3) $d \approx 5.1$ cm (5.12…)
c) 1) $V \approx 195$ m³ (195.112) 2) $O \approx 202$ m² (201.84) 3) $d \approx 10$ m (10.04…)

741
a) 1) $a = 12$ mm 2) $d_1 \approx 17$ mm (16,9…) 3) $d \approx 21$ mm (20,7…)
b) 1) $a = 5{,}0$ cm 2) $d_1 \approx 7{,}1$ cm (7,07…) 3) $d \approx 8{,}7$ cm (8,66…)
c) 1) $a \approx 6{,}5$ m (6,50…) 2) $d_1 \approx 9{,}2$ m (9,19…) 3) $d \approx 11{,}3$ m (11,26…)
d) 1) $a \approx 7{,}9$ cm (7,93…) 2) $d_1 \approx 11{,}2$ cm (11,22…) 3) $d \approx 13{,}7$ cm (13,74…)

742
a) 1) $V = 3\,000$ cm³ 2) $a \approx 14{,}4$ cm (14,42…) 3) $d_1 \approx 20{,}4$ cm (20,39…) 4) $d \approx 25{,}0$ cm (24,98…)
b) 1) $V = 2\,160$ cm³ 2) $a \approx 12{,}9$ cm (12,92…) 3) $d_1 \approx 18{,}3$ cm (18,28…) 4) $d \approx 22{,}4$ cm (22,38…)

743 1) $a = \sqrt[3]{V}$ 2) $d_1 = \sqrt[3]{V} \cdot \sqrt{2}$ 3) $d = \sqrt[3]{V} \cdot \sqrt{3}$ 4) $O = 6 \cdot \sqrt[3]{V^2}$

744 1) $a = \sqrt{\frac{O}{6}}$ 2) $d_1 = \sqrt{\frac{O}{3}}$ 3) $d = \sqrt{\frac{O}{2}}$ 4) $V = \sqrt{\frac{O^3}{216}}$

745
a) 1) $V \approx 87$ cm³ (86,6…) 2) $O \approx 303$ cm² (303,4…) 3) $m \approx 0{,}68$ kg (0,675…)
b) 1) $V \approx 203$ cm³ (202,9…) 2) $O \approx 568$ cm² (567,9…) 3) $m \approx 1{,}58$ kg (1,583…)
c) 1) $V \approx 504$ cm³ (503,9…) 2) $O \approx 1\,010$ cm² (1 008,…) 3) $m \approx 3{,}93$ kg (3,930…)
d) 1) $V = \frac{5\sqrt{3}\,x^3}{2}$ cm³ 2) $O = x^2\left(30 + \frac{\sqrt{3}}{2}\right)$ cm² 3) $m = \frac{39\sqrt{3}\,x^3}{2}$ g

746 Die Masse der Verkehrstafel beträgt rund 9,8 kg (9,81…).

747 a) $m \approx 1{,}6$ kg (1,55…) b) $m \approx 2{,}8$ kg (2,84…) c) $m \approx 4{,}8$ kg (4,77…)

748
a) 1) $V \approx 31$ cm³ (30,9…) 2) $m \approx 0{,}24$ kg (0,241…)
b) 1) $V \approx 45$ cm³ (44,55) 2) $m \approx 0{,}35$ kg (0,347…)
c) 1) $V \approx 79$ cm³ (79,2) 2) $m \approx 0{,}62$ kg (0,617…)
d) 1) $V \approx 188$ cm³ (188,2…) 2) $m \approx 1{,}47$ kg (1,468…)

749
a) 1) $V = \frac{a^3}{2}$ 2) $O = a^2(3 + \sqrt{2})$
b) 1) Das Volumen des Prismas beträgt 50 % des Würfelvolumens.
2) Die Oberfläche des Prismas beträgt rund 73,6 % (73,57…) der Würfeloberfläche.

750 1) $V \approx 1\,142\ cm^3$ (1 141.5...) 2) $O \approx 625\ cm^2$ (625.1...)

751 Das Wasser steht rund 5,3 cm (5,34...) hoch.

752 Die Grundkante muss rund 3,6 cm (3,63...) lang sein.

753 Die Baggerschaufel fasst rund $75\,000\ cm^3$ (74 880).

754 Der Container fasst rund $6{,}25\ m^3$ (6,247 5).

755 a) 1) $V = 7a^3$ 2) $O = a^2 (19 + 2\sqrt{2})$
b) 1) $V = 4a^3$ 2) $O = 4a^2 (2 + \sqrt{5})$
c) 1) $V = 6{,}5a^3$ 2) $O = a^2 (22 + \sqrt{2})$

756 1) $s \approx 219$ m (219,2...)
2) $M \approx 85\,854\ m^2$ (85 853,7...)
3) $V = 2\,592\,100\ m^3$

757 a) 1) $V \approx 21\ cm^3$ (21,504) 2) $O \approx 51{,}8\ cm^2$ (51,84) 3) $s \approx 6{,}7$ cm (6,69...)
b) 1) $V \approx 1\,352\ cm^3$ (1 351,68) 2) $O \approx 929\ cm^2$ (929,28) 3) $s \approx 17{,}5$ cm (17,47...)
c) 1) $V \approx 585\ cm^3$ (584,7...) 2) $O \approx 521\ cm^2$ (520,5...) 3) $s \approx 13{,}3$ cm (13,28...)
d) 1) $V \approx 6{,}8\ m^3$ (6,79...) 2) $O \approx 24{,}4\ m^2$ (24,37...) 3) $s \approx 3{,}3$ m (3,26...)
e) 1) $V = \frac{2x^3}{3}\ m^3$ 2) $O = x^2 (1 + \sqrt{17})\ m^2$ 3) $s = \frac{3x}{\sqrt{2}}$ m

758 a) 1) $h_1 = 45$ mm 3) $h \approx 35$ mm (35,2...)
2) $M = 50{,}4\ cm^2$ 4) $V \approx 36{,}8\ cm^3$ (36,82...)
b) 1) $h_1 = 8{,}0$ cm 3) $h \approx 7{,}0$ cm (6,98...)
2) $M \approx 125\ cm^2$ (124,8) 4) $V \approx 142\ cm^3$ (141,6...)
c) 1) $h_1 \approx 2{,}01$ m (2,006...) 3) $h \approx 1{,}89$ m (1,885...)
2) $M \approx 5{,}50\ m^2$ (5,497...) 4) $V \approx 1{,}18\ m^3$ (1,179...)
d) 1) $h_1 = 9{,}6$ m 3) $h \approx 8{,}7$ m (8,72...)
2) $M \approx 154\ m^2$ (153,6) 4) $V \approx 186\ m^3$ (186,1...)
e) 1) $h_1 = 4x$ m 3) $h = x\sqrt{7}$ m
2) $M = 48x^2\ m^2$ 4) $V = 12x^3\sqrt{7}\ m^3$

759 a) 1) $a = 9$ mm 2) $M \approx 231\ mm^2$ (230,6...) 3) $s \approx 14$ mm (13,5...)
b) 1) $a \approx 20{,}8$ cm (20,78...) 2) $M \approx 974\ cm^2$ (973,9...) 3) $s \approx 25{,}6$ cm (25,63...)
c) 1) $a \approx 1{,}7$ m (1,73...) 2) $M \approx 5{,}1\ m^2$ (5,12...) 3) $s \approx 1{,}7$ m (1,71...)
d) 1) $a \approx 3{,}9$ dm (3,87...) 2) $M \approx 42\ dm^2$ (41,5...) 3) $s \approx 5{,}7$ dm (5,70...)
e) 1) $a \approx 5{,}5$ dm (5,47...) 2) $M \approx 114\ dm^2$ (113,5...) 3) $s \approx 10{,}7$ dm (10,72...)

760 a) $h = 5$ mm, $s \approx 18$ mm (17,6...), $O = 1\,200\ mm^2$, $V = 960\ mm^3$
b) $a = 12$ cm, $h_1 \approx 9{,}2$ cm (9,21...), $O \approx 365\ cm^2$ (365,2...), $V = 336\ cm^3$
c) $a = 3{,}2$ cm, $s \approx 6{,}7$ cm (6,69...), $O \approx 52\ cm^2$ (51,84), $V \approx 22\ cm^3$ (21,5...)
d) $h = 4{,}0$ cm, $s \approx 5{,}1$cm (5,11...), $h_1 \approx 4{,}6$ cm (4,58...), $O \approx 62\ cm^2$ (61,5...)
e) $h_1 = 10$ cm, $h = 8{,}0$ cm, $s \approx 12$ cm (11,6...), $V = 384\ cm^3$

761 a) 1) $h = 25$ cm 5) $h \approx 5$ cm (4,5...)
2) $h \approx 14$ cm (14,0...) 6) $h \approx 4$ cm (3,5...)
3) $h = 9$ cm 7) $h \approx 3$ cm (2,7...)
4) $h \approx 6$ cm (6,25) 8) $h \approx 2$ cm (2,25)
b) Wähle zB für die Grundkante a: 2 cm $\triangleq$ 1 cm, für die Körperhöhe h: 2 cm $\triangleq$ 1 cm.

762 a) $h = \frac{a}{\sqrt{2}}$ b) $V = \frac{a^3}{3\sqrt{2}}$ c) $O = a^2(1 + \sqrt{3})$

763 a) 1) $s = \sqrt{\frac{a^2}{2} + h^2}$, $h_1 = \sqrt{\frac{a^2}{4} + h^2}$
2) $V = \frac{a^2h}{3}$
3) $O = a\left(a + 2\sqrt{\frac{a^2}{4} + h^2}\right)$

b) 1) $h_1 = \sqrt{s^2 - \frac{a^2}{4}}$, $h = \sqrt{s^2 - \frac{a^2}{2}}$
2) $V = \frac{a^2}{3}\sqrt{s^2 - \frac{a^2}{2}}$
3) $O = a\left(a + 2\sqrt{s^2 - \frac{a^2}{4}}\right)$

764 a) 1) $V \approx 31\ cm^3$ (31,1…) 3) $h_1 \approx 4{,}8$ cm (4,76…)
2) s = 5,0 cm 4) $O \approx 66\ cm^2$ (66,3…)
b) 1) $V \approx 105\ cm^3$ (105,3…) 3) $h_1 \approx 8{,}7$ cm (8,68…)
2) s = 8,9 cm 4) $O \approx 141\ cm^2$ (141,1...)
c) 1) $V \approx 2{,}1\ cm^3$ (2,07…) 3) $h_1 \approx 2{,}6$ cm (2,55…)
2) s = 2,6 cm 4) $O \approx 10{,}3\ cm^2$ (10,25…)

765 Das Turmdach hat rund 21,2 m^2 (21,22…).

766 a) 1) $V \approx 31\ cm^3$ (30.5...) 3) $h_1 \approx 5.1$ cm (5.11...)
2) s = 5.3 cm 4) $O \approx 63\ cm^2$ (63.3...)
b) 1) $V \approx 1570\ m^3$ (1571...) 3) $h_1 \approx 16.3$ m (16.33...)
2) s = 17.4 m 4) $O \approx 962\ m^2$ (962.1...)
c) 1) $V \approx 285\ m^3$ (285.1...) 3) $h_1 \approx 11.6$ m (11.56...)
2) s = 11.9 4) $O \approx 276\ m^2$ (275.7...)

767 a) h = 12 cm, $h_1 \approx 12{,}8$ cm (12,75…), $O \approx 256\ cm^2$ (256,3…), $V \approx 260\ cm^3$ (259,8…)
b) a = 33 mm, $h_1 \approx 63$ mm (62,8…), $O \approx 91\ cm^2$ (90,5…), $V \approx 53\ cm^3$ (52,8…)
c) $a \approx 15{,}8$ dm (15,79…), $h_1 \approx 14{,}3$ dm (14,31…), $s \approx 16{,}3$ dm (16,34…), $O \approx 13{,}3\ m^2$ (13,27 …)
d) $h \approx 13{,}8$ cm (13,78…), $h_1 \approx 14{,}1$ cm (14,11…), $s \approx 14{,}2$ cm (14,21…), $V \approx 146\ cm^3$ (146,2…)
e) $a \approx 0{,}62$ m (0,620…), $h_1 \approx 1{,}14$ m (1,135…), $s \approx 1{,}18$ m (1,176…), $O \approx 3{,}11\ m^2$ (3,112…)

768 a) 0,365 l (0,3653…)
b) 0,866 l (0,8660…)
c) 2,92 l (2,922…)
d) 6,93 l (6,928…)

769 1) Die Oberfläche des regelmäßigen Oktaeders besteht aus acht kongruenten gleichseitigen Dreiecken.
2) $O = 8 \cdot \frac{a^2}{4}\sqrt{3} \Rightarrow O = 2a^2\sqrt{3}$

770 zB: Die Vierecke ABCD, BEDF und AFCE sind kongruente Quadrate, daher gilt: $\overline{AC} = \overline{BD} = \overline{EF}$.
1) $\overline{AC} = \overline{BD} = \overline{EF} = a\sqrt{2}$
2) Das regelmäßige Oktaeder besteht aus zwei regelmäßigen quadratischen Pyramiden mit der Höhe $h = \frac{a}{2}\sqrt{2}$. $V = 2 \cdot \frac{1}{3} \cdot a^2 \cdot \frac{a}{2}\sqrt{2} \Rightarrow V = \frac{1}{3}a^3\sqrt{2}$

771 a) 1) $O \approx 47{,}4\ cm^2$ (47,42…) 2) $V \approx 23{,}9\ cm^3$ (23,87…)
b) 1) $O \approx 70{,}1\ cm^2$ (70,14…) 2) $V \approx 43{,}0\ cm^3$ (42,95…)
c) 1) $O \approx 151\ cm^2$ (150,8…) 2) $V \approx 136\ cm^3$ (135,5…)
d) 1) $O \approx 3{,}5\ m^2$ (3,46…) 2) $V \approx 0{,}47\ m^3$ (0,471…)
e) 1) $O \approx 779\ cm^2$ (779,4…) 2) $V \approx 1590\ cm^3$ (1590,…)

772 a) $V \approx 84{,}4\ cm^3$ (84,35…)
b) $O \approx 287\ cm^2$ (286,7…)
c) $V \approx 8{,}87\ m^3$ (8,866…)
d) $O \approx 572\ cm^2$ (571,9…)
e) $V \approx 0{,}073\ m^3$ (0,0731…)

773 1) Die Oberfläche des regelmäßigen Tetraeders besteht aus vier kongruenten gleichseitigen Dreiecken.
2) $O = 4 \cdot \frac{a^2}{4}\sqrt{3} \Rightarrow O = a^2\sqrt{3}$

774 1) Aus $\overline{CF} = \frac{2}{3}h_1$ und $h_1 = \frac{a}{2}\sqrt{3}$ folgt: $\overline{CF} = \frac{a}{3}\sqrt{3}$. Im rechtwinkligen Dreieck CFD gilt: $h^2 = a^2 - \overline{CF}^2 \Rightarrow h^2 = a^2 - \left(\frac{a}{3}\sqrt{3}\right)^2 \Rightarrow h^2 = \frac{6}{9}a^2 \Rightarrow h = \frac{a}{3}\sqrt{6}$.
2) $V = \frac{1}{3} \cdot G \cdot h \Rightarrow V = \frac{1}{3} \cdot \frac{a^2}{4}\sqrt{3} \cdot \frac{a}{3}\sqrt{6} \Rightarrow V = \frac{a^3}{12}\sqrt{2}$

775 a) 1) $O \approx 66{,}6\ cm^2$ (66,58…) 2) $V \approx 28{,}1\ cm^3$ (28,08…)
b) 1) $O \approx 50{,}5\ cm^2$ (50,50…) 2) $V \approx 18{,}6\ cm^3$ (18,55…)
c) 1) $O \approx 173\ cm^2$ (173,2…) 2) $V \approx 118\ cm^3$ (117,8…)
d) 1) $O \approx 390\ cm^2$ (389,7…) 2) $V \approx 398\ cm^3$ (397,7…)
e) 1) $O \approx 1{,}7\ m^2$ (1,73…) 2) $V \approx 0{,}1\ m^3$ (0,11…)

776 a) $V \approx 209\ mm^3$ (209,2…)
b) $O \approx 639\ cm^2$ (638,9…)
c) $O \approx 246\ cm^2$ (246,4…)
d) $V \approx 0{,}05\ m^3$ (0,051…)

777 a) 1) Die Seitenkante muss rund 13 cm (12,8…) lang sein.
2) Es werden rund 2,86 m^2 (2,859…) Material benötigt.
b) 1) Die Seitenkante muss rund 16,2 cm (16,18…) lang sein.
2) Es werden rund 4,54 m^2 (4,539…) Material benötigt.

778 bis **787** Siehe Buch Seite 276!

788 a) $u \approx 251$ cm (251,3…)
b) $u \approx 3{,}14$ m (3,141…)
c) $u \approx 4{,}71$ m (4,712…)
d) $u \approx 6{,}60$ m (6,597…)
e) $u \approx 3{,}77$ m (3,769…)

789 a) $u \approx 23$ cm (22,6…)
b) $u \approx 77{,}9$ cm (77,91…)
c) $u \approx 804$ mm (804,2…)
d) $u \approx 78{,}5$ m (78,53…)
e) $u \approx 6{,}28$ km (6,283…)

790 a) 1) ≈ 20-mal (19,8…) 2) ≈ 199-mal (198,9…) 3) ≈ 1 989-mal (1 989,4…)
b) 1) ≈ 24-mal (23,5…) 2) ≈ 236-mal (235,7…) 3) ≈ 2 358-mal (2 357,8…)

791 a) ≈ 56,5 m (56,54…) b) ≈ 78,5 m (78,53…) c) ≈ 145 m (144,5…)

K **792** a) $u \approx 7{,}14$ m (7,141…)
b) $u \approx 12{,}5$ m (12,49…)
c) $u \approx 19{,}5$ m (19,46…)
d) $u \approx 27{,}1$ m (27,13…)
e) $u \approx 37{,}1$ m (37,13…)

793 The perimeter of the middle-circle is approximatly 59.7 meters (59.69...).

794 1) ≈ 42 500 km (42 537,1…) 2) ≈ 27 700 km (27 741,…)

795 1) ≈ 43 200 km (43 165,4…) 2) ≈ 27 600 km (27 552,…)

796 a) $r \approx 3{,}9$ cm (3,93…)
b) $r \approx 14{,}8$ dm (14,81…)
c) $r \approx 157$ mm (156,6…)
d) $r \approx 159$ m (159,1…)
e) $r \approx 0{,}40$ km (0,397…)

797 a) $d \approx 18{,}3$ cm (18,30…)
b) $d \approx 19{,}9$ dm (19,86…)
c) $d \approx 266$ cm (265,7…)
d) $d \approx 31{,}8$ m (31,83…)
e) $d \approx 0{,}48$ km (0,477…)

798 1) ≈ 40 000 km (40 023,…)
2) Ja, der Hase hat eine Höhe von ≈ 16 cm (15,9…) zu Verfügung.
3) ≈ 6 m (6,2…)
4) Das Seil könnte, unabhängig vom Radius, immer um ca. 16 cm (15,9…) angehoben werden. Es gilt: $u_1 - u_2 = 1\text{ m} \Rightarrow 2\pi(r_1 - r_2) = 1\text{ m} \Rightarrow r_1 - r_2 = \frac{1\text{ m}}{2\pi} = 15{,}9\ldots$ cm

K **799** Ihr erhält für den Quotienten $\frac{u}{d}$ den Wert 3 oder 3,1 oder 3,14 oder … ≈ π.

K **800** zB: 1) Wähle für d = 5 cm!
2) Seitenlängen: $a = \frac{d}{\sqrt{2}}$ und $\overline{a} = d \Rightarrow u_4 = \frac{4d}{\sqrt{2}}$ und $\overline{u_4} = 4d$.
3) ≈ 14 cm < u < 20 cm und ≈ 2,8 < π < 4

K **801** zB: 1) Wähle für d = 5 cm!
2) Seitenlängen: $a = \frac{d}{2}$ und $\overline{a} = \frac{d}{\sqrt{3}} \Rightarrow u_6 = 3d$ und $\overline{u_6} = \frac{6d}{\sqrt{3}}$.
3) 15 cm < u < ≈ 17,3 cm und 3 < π < ≈ 3,4

802 1) 3,1605
2) 3,1429; 3,1408
3) 3,1417
4) 3,1623
5) 3,1416
6) 3,1463

803 a) $b \approx 37$ mm (37,1…)
b) $b \approx 42$ cm (42,2 …)
c) $b \approx 73{,}3$ m (73,33…)
d) $b \approx 16{,}3$ m (16,32…)

804 Das Straßenstück ist rund 14 m (13,9…) lang.

805 1) $b = \frac{\pi}{6}$ m
2) $b = \frac{\pi}{4}$ m
3) $b = \frac{\pi}{3}$ m
4) $b = \frac{\pi}{2}$ m
5) $b = \pi$ m
6) $b = \frac{3\pi}{2}$ m
7) $b = 2\pi$ m

806 a) $u \approx 136$ mm (135,7…)
b) $u \approx 32{,}8$ cm (32,75…)
c) $u \approx 51{,}0$ cm (50,97…)
d) $u \approx 225$ cm (224,6…)

807 1) $s \approx 2{,}1$ m (2,12…)
2) $s \approx 84$ cm (83,7…)
3) $s \approx 109$ m (108,5…)

808 a) $r \approx 47$ mm (46,7…)
b) $\alpha \approx 80°$ (80,2…)
c) $r \approx 31{,}4$ cm (31,40…)
d) $\alpha \approx 102°$ (102,1…)
e) $r \approx 43{,}8$ m (43,84…)
f) $\alpha \approx 36°$ (36,1…)

809 $\alpha \approx 57°$ (57,2…)

K **810** a) ≈ 267 km (266,8…)
b) zB: Litschau (NÖ) und Lavamünd (Ktn.)
c) zB: am 11°-Meridian:
… von 46,8° nördlicher Breite (Obergurgl) bis 47,4° nördlicher Breite (Leermoos); ≈ 67 km (66,7…)

811 a) 1) ≈ 5281 km (5280,9…) 2) ≈ 4725 km (4725,0…)
b) 1) ≈ 5320 km (5319,8…) 2) ≈ 4686 km (4686,1…)
c) 1) ≈ 5233 km (5232,7…) 2) ≈ 4773 km (4773,2…)
d) 1) ≈ 5255 km (5254,9…) 2) ≈ 4751 km (4750,9…)
e) 1) ≈ 5183 km (5182,7…) 2) ≈ 4823 km (4823,2…)
f) 1) ≈ 5370 km (5369,8…) 2) ≈ 4636 km (4636,1…)
g) 1) ≈ 5314 km (5314,2…) 2) ≈ 4692 km (4691,6…)
h) 1) ≈ 5362 km (5362,4…) 2) ≈ 4644 km (4643,5…)
i) 1) ≈ 5361 km (5360,6…) 2) ≈ 4645 km (4645,3…)

812 a) ≈ 111 km (111,1…) b) ≈ 1,85 km (1,852…)

813 1) Das Flugzeug legt rund 9134 km (9133,7…) zurück.
2) Die Durchschnittsgeschwindigkeit beträgt rund 700 km/h (702,5…).

814 Die Entfernung zum Südpol beträgt rund 6190 km (6188,…)

815 a) $\alpha \approx 1'$ (59,96″)
b) ≈ 1 m (1,0…) Das ist die alte Definition eines Meters.

816 a) $s \approx 41\,280$ km (41280,…)
b) $v \approx 28\,150$ km/h (28145,…)
c) Der Satellit umrundet in einem Tag ca. 16-mal (16,3…) die Erde.

817 u = 250000 stadien = 48000 km
Der Wert liegt um ca. 8000 km über dem tatsächlichen Wert.

818 a) $A \approx 9{,}40\ m^2$ (9,402…) d) $A \approx 38{,}9\ m^2$ (38,92…)
b) $A \approx 44{,}2\ m^2$ (44,17…) e) $A \approx 1330\ m^2$ (1333,…)
c) $A \approx 20{,}1\ m^2$ (20,10…)

819 1) $u = 2\pi$ cm 2) $A = \pi\ cm^2$

820 a) 1) $u = 60\pi$ mm 2) $A = 900\pi\ mm^2$ d) 1) $u = 6{,}4\pi$ cm 2) $A = 10{,}24\pi\ cm^2$
b) 1) $u = 20\pi$ cm 2) $A = 100\pi\ cm^2$ e) 1) $u = 2z\pi$ cm 2) $A = z^2\pi\ cm^2$
c) 1) $u = 30\pi$ m 2) $A = 225\pi\ m^2$

821 a) 1) u ≈ 15.7 cm (15.70…) 2) $A \approx 19.6\ cm^2$ (19.63…)
b) 1) u ≈ 91.7 m (91.73…) 2) $A \approx 669.7\ m^2$ (669.66…)
c) 1) u ≈ 15.4 km (15.39…) 2) $A \approx 18.9\ km^2$ (18.85…)
d) 1) u ≈ 0.75 m (0.753…) 2) $A \approx 0.05\ m^2$ (0.045…)
e) 1) u ≈ 38.0 m (37.95…) 2) $A \approx 114.6\ m^2$ (114.61…)

822 a) 1) u ≈ 110 cm (109,9…) 2) $A \approx 960\ cm^2$ (962,…)
b) 1) u ≈ 27 dm (27,3…) 2) $A \approx 59\ dm^2$ (59,4…)
c) 1) u ≈ 4,56 m (4,555…) 2) $A \approx 1{,}65\ m^2$ (1,651…)
d) 1) u ≈ 14 m (14,1…) 2) $A \approx 16\ m^2$ (15,9…)
e) 1) u ≈ 6,44 m (6,440…) 2) $A \approx 3{,}30\ m^2$ (3,300…)

823 Die Querschnittfläche des Fußballes beträgt rund 16 % (16,4...) der Lochfläche.

824 $\rho = \frac{a}{2}$, $r = \frac{a\sqrt{2}}{2}$; Inkreis: $A = \frac{a^2\pi}{4}$, Umkreis: $A = \frac{a^2\pi}{2}$
1) ≈ 78,5 % (78,53…) 2) ≈ 63,7 % (63,66…) 3) 50 %

K 825 a) Der Umfang wird 1) verdoppelt, 2) verdreifacht, 3) halbiert, 4) gedrittelt, 5) auf das k-fache vergrößert.
b) Der Flächeninhalt wird 1) vervierfacht, 2) verneunfacht, 3) geviertelt, 4) auf ein Neuntel verkleinert, 5) auf das k^2-fache vergrößert.

826 a) $r \approx 11{,}6$ cm (11,63…)
b) $r \approx 8{,}0$ m (7,97…)
c) $r \approx 15{,}6$ cm (15,60…)
d) $r \approx 9{,}3$ cm (9,32…)
e) $r \approx 46{,}6$ cm (46,62…)
f) $r \approx 7{,}9$ cm (7,90…)

827 a) $A \approx 18\ dm^2$ (17,9…)
b) $A \approx 46\ dm^2$ (45,8…)
c) $A \approx 74\ dm^2$ (74,0…)
d) $A \approx 22\ dm^2$ (21,6…)
e) $A \approx 33\ dm^2$ (33,4…)
f) $A \approx 2{,}09\ m^2$ (2,086…)

828 1) $A \approx 1{,}5\ m^2$ (1,53…) bzw. $A \approx 2{,}6\ m^2$ (2,61…)
2) … um rund 70 % (70,0…).

829 a) $A \approx 38\ dm^2$ (38,2…)
b) $A \approx 50\ dm^2$ (50,3…)
c) $A \approx 4{,}1\ dm^2$ (4,05…)
d) $A \approx 20\ dm^2$ (20,1…)
e) $A \approx 37\ dm^2$ (36,8…)
f) $A \approx 29\ dm^2$ (28,5…)

830 a) $A \approx 28{,}0\ m^2$ (27,99…)
b) $A \approx 58{,}0\ m^2$ (58,00…)
c) $A \approx 77{,}8\ m^2$ (77,83…)
d) $A = \left(\frac{h^2\pi}{2} + hs\right) m^2$

831 ≈ 79 % (78,5…) bzw. ≈ 21 % (21,4…)
a) $A_{◺} \approx 79\ cm^2$ (78,5…), $A_{\square} = 100\ cm^2$
b) $A_{◺} = \frac{a^2\pi}{4}$, $A_{\square} = a^2$

K 832 1) $u = (a + x) \cdot 2 + \frac{(a - x) \cdot \pi}{2}$; $A = a^2 - \frac{(a - x)^2\pi}{4}$
2) $u \approx 177$ mm (176,9…); $A \approx 13{,}4\ cm^2$ (13,41…)
3) Vergleiche mit Figur im Buch Seite 202!

K 833 Es gilt: $r = a - x \Rightarrow \frac{r^2\pi}{4} = \frac{a^2}{2} \Rightarrow r = a\sqrt{\frac{2}{\pi}} \approx 0{,}8a$

K 834 1) Vergleiche mit Figur im Buch Seite 202!
2) $u \approx 343$ mm (342,7…); $A \approx 41{,}5\ cm^2$ (41,45…)
3) $u = a\left(2\pi + \frac{4}{3}\right)$; $A = a^2\left(1 + \frac{\pi}{3}\right)$

K 835 zB: a) bis d) 1) Vergleiche mit der Skizze in der Angabe!
a) 2) $u = 2a(\pi + 1)$; $A = \frac{a^2\pi}{4}$
3) $u \approx 166$ mm (165,6…); $A \approx 314\ mm^2$ (314,1…)
b) 2) $u = 4a\pi$; $A = a^2\pi$
3) $u \approx 251$ mm (251,3…); $A \approx 12{,}6\ cm^2$ (12,56…)
c) 2) $u = 2a(1 + \pi)$; $A = \frac{a^2\pi}{2}$
3) $u \approx 166$ mm (165,6…); $A \approx 628\ mm^2$ (628,3…)
d) 2) $u = 2a\pi$; $A = a^2$
3) $u \approx 251$ mm (251,3…); $A = 16\ cm^2$

K 836 zB: a) bis d) 1) Vergleiche mit der Skizze in der Angabe!

a) 2) $u = 4a\pi$; $A = 3a^2\pi$

3) $u \approx 251$ mm (251,3…); $A \approx 37{,}7\ cm^2$ (37,69…)

b) 2) $u = a\pi$; $A = \frac{a^2}{2}$

3) $u \approx 63$ mm (62,8…); $A = 200\ mm^2$

c) 2) $u = \pi\,(2\,d_1 + d_2)$; $A = \frac{\pi}{4} \cdot (d_1 + d_2)^2$

3) $u \approx 283$ mm (282,7…); $A \approx 38{,}5\ cm^2$ (38,48…)

d) 2) $u = \pi\,(d_1 + d_2 + d_3)$; $A = \frac{\pi}{8} \cdot [(d_1 + d_2 + d_3)^2 + d_1^2 - d_2^2 + d_3^2]$

3) $u \approx 295$ mm (295,3…); $A \approx 40{,}3\ cm^2$ (40,33…)

K 837 zB: a) bis c) 1) Vergleiche mit der Skizze in der Angabe!

a) 2) $u = 3r\pi$; $A = r^2\left(3 + \frac{\pi}{2}\right)$

3) $u \approx 188$ mm (188,4…); $A \approx 18{,}3\ cm^2$ (18,28…)

b) 2) $u = 4r\pi$; $A = r^2\,(8 - \pi)$

3) $u \approx 251$ mm (251,3…); $A \approx 19{,}4\ cm^2$ (19,43…)

c) 2) $u = 10r\pi$; $A = 8r^2\pi$

3) $u \approx 314$ mm (314,1…); $A \approx 25{,}1\ cm^2$ (25,13…)

K 838 Wähle zB: für a = 8 cm, b = 6 cm ($\gamma = 90°$)!
Es gilt der Lehrsatz des Pythagoras: $a^2 + b^2 = c^2$, mal $\frac{\pi}{8}$:
$\frac{a^2\pi}{8} + \frac{b^2\pi}{8} = \frac{c^2\pi}{8}$, also: $\frac{1}{2}\left(\frac{a}{2}\right)^2\pi + \frac{1}{2}\left(\frac{b}{2}\right)^2\pi = \frac{1}{2}\left(\frac{c}{2}\right)^2\pi$

839 $u = (2 + \sqrt{2}) \cdot a\pi$, $A = a^2$
A_1 (Quadrat) + A_2 (4 Halbkreise) – A_3 (großer Kreis) = A (4 Monde),
d. h.: $a^2 + \frac{4}{2}\left(\frac{a}{2}\right)^2\pi - \left(\frac{a\sqrt{2}}{2}\right)^2\pi = \ldots = a^2$

840 $u = (a + b + \sqrt{a^2 + b^2}) \cdot \frac{\pi}{2}$, $A = \frac{a \cdot b}{2}$
zB: A_1 (Rechtwinkliges Dreieck) + A_2 (beide Kathetenhalbkreise) –
– A3 (Hypotenusenhalbkreis) = A (2 Monde),
d. h.: $\frac{a \cdot b}{2} + \frac{1}{2}\left(\frac{a}{2}\right)^2 \cdot \pi + \frac{1}{2}\left(\frac{b}{2}\right)^2 \cdot \pi - \frac{1}{2}\left(\frac{\sqrt{a^2 + b^2}}{2}\right)^2 \cdot \pi = \ldots = \frac{a \cdot b}{2}$

K 841 a) bis d) 1) Vergleiche mit der Skizze in der Angabe!

a) 2) $u \approx 119$ mm (119,4…); $A \approx 10\ cm^2$ (<u>10,2…</u>)

3) ≈ 64 % (64,2…)

b) 2) $u \approx 126$ mm (125,6…); $A = 8{,}0\ cm^2$

3) 50 %

c) 2) $u \approx 119$ mm (119,4…); $A \approx 5{,}7\ cm^2$ (<u>5,71…</u>)

3) ≈ 36 % (35,7…)

d) 2) $u \approx 119$ mm (119,4…); $A \approx 5{,}7\ cm^2$ (<u>5,71…</u>)

3) ≈ 36 % (35,7…)

K 842 a) bis d) 1) Vergleiche mit der Skizze in der Angabe!
a) 2) $u \approx 126$ mm (125,6…); $A \approx 3{,}4$ cm² (3,43…)
3) ≈ 21 % (21,4…)
b) 2) $u \approx 126$ mm (125,6…); $A \approx 9{,}1$ cm² (9,13…)
3) ≈ 57 % (57,0…)
c) 2) $u \approx 126$ mm (125,6…); $A \approx 4{,}6$ cm² (4,56…)
3) ≈ 29 % (28,5…)
d) 2) $u \approx 251$ mm (251,3…); $A \approx 9{,}1$ cm² (9,13…)
3) ≈ 57 % (57,0…)

843 a) 1) $A \approx 470$ cm² (471,…) 2) $u \approx 91$ cm (91,4…)
b) 1) $A \approx 150$ mm² (147,…) 2) $u \approx 62$ mm (61,7…)
c) 1) $A \approx 718$ cm² (718,0…) 2) $u = 111{,}2$ cm
d) 1) $A \approx 1\,270$ m² (1 267,…) 2) $u = 142{,}4$ m
e) 1) $A = 0{,}5$ m² 2) $u = 3$ m

844 a) 1) $A \approx 41$ cm² (41.3...) 2) $u \approx 26$ cm (26.0…)
b) 1) $A \approx 42$ cm² (42.09) 2) $u \approx 26$ cm
c) 1) $A \approx 83$ cm² (83.3...) 2) $u \approx 36.6$ cm (36.57…)

845 a) $A = \frac{\pi}{4}$ cm² b) $A = \frac{\pi}{6}$ cm² c) $A = \frac{\pi}{8}$ cm² d) $A = \frac{\pi}{360}$ cm² e) $A = \frac{\pi \cdot x}{360}$ cm²

846 a) Es werden rund 610 m (609,0…) Leitschienen benötigt.
b) Es werden rund 3 810 m² (3 806,7…) Straßenbelag benötigt.

847 a) Die gewischte Fläche beträgt rund 0,54 m² (0,541…)
b) Der Rand der gewischten Fläche ist rund 3 m (3,0…) lang.

K 848 a) bis f) 1) Vergleiche mit der Skizze in der Angabe!
a) 2) $u \approx 119$ mm (119,4…) 3) $A \approx 4{,}6$ cm² (4,56…)
b) 2) $u \approx 13$ cm (12,6…) 3) $A \approx 3{,}5$ cm² (3,48…)
c) 2) $u \approx 11$ cm (10,6…) 3) $A \approx 2{,}4$ cm² (2,44…)
d) 2) $u \approx 16$ cm (15,8…) 3) $A \approx 8{,}0$ cm² (8,02…)
e) 2) $u \approx 102$ mm (102,3…) 3) $A \approx 2{,}3$ cm² (2,26…)
f) 2) $u \approx 13$ cm (12,6…) 3) $A \approx 3{,}5$ cm² (3,48…)

849 a) $u = r\left(1 + \frac{\pi}{3}\right)$; $A = \frac{r^2}{2}\left(\frac{\pi}{3} - \frac{\sqrt{3}}{2}\right)$
b) $u \approx 8{,}2$ m (8,18…); $A \approx 1{,}4$ m² (1,44…)
c) ≈ 17 % (17,3…)

850 1) $\alpha = \frac{A \cdot 360}{r^2 \cdot \pi}$ 2) $r = \sqrt{\frac{A \cdot 360}{\pi \cdot \alpha}}$

851 1) $r = \frac{2 \cdot A}{b}$ 2) $b = \frac{2 \cdot A}{r}$

852 a) $\alpha \approx 39°$ (38,7…); $A \approx 460$ mm² (462,5)
b) $\alpha \approx 80°$ (80,2…); $A \approx 440$ mm² (437,5)
c) $b \approx 13$ mm (12,6…); $A \approx 160$ mm² (158,…)
d) $b \approx 60$ mm (60,1…); $A \approx 840$ mm² (841,…)
e) $r \approx 59$ mm (59,2…); $A \approx 44{,}5$ cm² (44,45…)
f) $r \approx 308$ mm (307,9…); $A \approx 331$ cm² (331,0…)
g) $\alpha \approx 59°$ (58,6…); $b \approx 26$ mm (25,6)
h) $\alpha \approx 45°$ (44,5…); $b \approx 23$ mm (23,3…)

853 a) 1) $u \approx 465$ mm (464,9...) 2) $A \approx 41{,}8$ cm² (41,84...)
b) 1) $u \approx 716$ cm (716,2...) 2) $A \approx 1{,}00$ m² (1,002...)
c) 1) $u \approx 33{,}9$ m (33,92...) 2) $A \approx 27{,}1$ m² (27,14...)
d) 1) $u \approx 50{,}9$ cm (50,89...) 2) $A \approx 58{,}5$ cm² (58,52...)
e) 1) $u \approx 94{,}9$ m (94,87...) 2) $A \approx 61{,}7$ m² (61,66...)

854 a) $A \approx 443$ cm² (442,9...) c) $A \approx 10{,}2$ dm² (10,21...)
b) $A \approx 440$ cm² (439,8...)

855 a) 1) 25 % 2) 75 %
b) 1) 50 % 2) 50 %

856 1) $u \approx 70.4$ cm (70.37...) 2) $A \approx 56.3$ cm² (56.29...)

857 a) Der Flächeninhalt des Weges beträgt rund 23,5 m² (23,53...).
b) Es werden mindestens 942 (941,22...) Steine benötigt.

858 a) ≈ 13 % (12,8...) b) ≈ 5 mm (5,3...)

859 a) 1) 1,5 cm 2) $A \approx 111$ cm² (110,7...) 3) $A \approx 380$ cm² (380,1...)
b) 1) 2,5 cm 2) $A \approx 404$ cm² (404,4...) 3) $A \approx 18{,}9$ dm² (18,85...)
c) 1) 4,0 cm 2) $A \approx 12{,}6$ dm² (12,56...) 3) $A \approx 72{,}4$ dm² (72,38...)

K **860** 30 cm ≙ 1,5 cm, 2,00 m ≙ 10 cm, 60 cm ≙ 3 cm.
Der Inhalt der sichtbaren Torbogenfläche beträgt rund 1,9 m² (1,906...).

861 $A \approx 51$ dm² (51,0...)

862 1) Der Kreis hat den größeren Flächeninhalt.
2) $A_K \approx 11{,}5$ cm² (11,45...), $A_Q = 9$ cm²
3) $A_K = \left(\frac{x}{2\pi}\right)^2 \cdot \pi$, $A_Q = \left(\frac{x}{4}\right)^2 \Rightarrow A_K = \frac{x^2}{4\pi}$, $A_Q = \frac{x^2}{16} \Rightarrow \frac{x^2}{4\pi} > \frac{x^2}{16}$ w.A.

863 1) Der Kreis hat den kleineren Umfang.
2) $U_K \approx 14{,}2$ cm (14,17...), $U_Q = 16$ cm
3) $U_K = 2\pi\sqrt{\frac{x}{\pi}}$; $U_Q = 4\sqrt{x}$
$U_K = \sqrt{4\pi x}$; $U_Q = \sqrt{16x} \Rightarrow 4\pi x < 16x$ w. A.

864 a) Es werden rund 521 m² (521,0...) Laufbahnbelag benötigt.
b) Für die Laufbahnmarkierung werden rund 261 m (260,5...) Material benötigt.
c) Jakob legt rund 251 m (251,3) mehr zurück als Thomas.

865 a) $u = r\left(\frac{\pi}{2} + 2\right)$; $A = \frac{r^2\pi}{4}$
b) $u = r\left(\frac{\pi}{2} + \sqrt{2}\right)$; $A = \frac{r^2}{2}\left(\frac{\pi}{2} - 1\right)$
c) ≈ 36 % (36,3...)

866 Die Fläche beträgt rund $1{,}9 \cdot 10^9$ km² ($1{,}88... \cdot 10^9$).

867 Da die Bogenlänge b direkt proportional zu α ist, gilt: $b : \alpha = u : 360°$. Somit ist auch die Proportion $b : u = \alpha : 360°$ richtig.
$b : u = \alpha : 360° \Rightarrow b = \frac{u \cdot \alpha}{360°}$ und mit $u = 2r\pi$ folgt: $\underline{b} = \frac{2r\pi\alpha}{360} = \underline{\frac{r\pi\alpha}{180}}$

868 bis **876** Siehe Buch Seite 276!

877 a) 1) $M \approx 56{,}5\ cm^2$ (56,54…) 3) $V \approx 42{,}4\ cm^3$ (42,41…)
2) $O \approx 70{,}7\ cm^2$ (70,68…) 4) $m \approx 479\ g$ (479,2…)
b) 1) $M \approx 384\ dm^2$ (383,9…) 3) $V \approx 1{,}21\ m^3$ (1,209…)
2) $O \approx 633\ dm^2$ (633,3…) 4) $m \approx 8620\ kg$ (8623,…)
c) 1) $M \approx 131\ dm^2$ (130,6…) 3) $V \approx 209\ dm^3$ (209,1…)
2) $O \approx 195\ dm^2$ (195,0…) 4) $m \approx 1870\ kg$ (1873,…)
d) 1) $M \approx 16{,}7\ m^2$ (16,67…) 3) $V \approx 9{,}34\ m^3$ (9,339…)
2) $O \approx 24{,}6\ m^2$ (24,55…) 4) $m \approx 73500\ kg$ (73503,…)
e) 1) $M \approx 111\ m^2$ (111,2…) 3) $V \approx 183\ m^3$ (182,5…)
2) $O \approx 179\ m^2$ (178,8…) 4) $m \approx 91{,}3\ t$ (91,25…)

878 a) 1) Die Mantelfläche nimmt den 2-, 3-, 4-, n-fachen Wert an.
2) Das Volumen nimmt den 4-, 9-, 16-, n^2-fachen Wert an.
b) 1) Die Mantelfläche nimmt den 2-, 3-, 4-, n-fachen Wert an.
2) Das Volumen nimmt den 2-, 3-, 4-, n-fachen Wert an.
c) 1) Die Mantelfläche nimmt den 4-, 9-, 16-, n^2-fachen Wert an.
2) Das Volumen nimmt den 8-, 27-, 64-, n^3-fachen Wert an.

879 a) 1) $V_1 \approx 302\ cm^3$ (301,5…) 2) $V_2 \approx 452\ cm^3$ (452,3…) 3) $V_1 : V_2 = 2 : 3$
b) 1) $V_1 = ab^2\pi\ cm^3$ 2) $V_2 = a^2b\pi\ cm^3$ 3) $V_1 : V_2 = b : a$

880 a) $V \approx 4850\ m^3$ (4849,…) c) $V \approx 21120\ m^3$ (21124,…)
b) $V \approx 10230\ m^3$ (10228,…)

881 Die Litfaßsäule bietet 8,37 m^2 Plakatfläche.

882 a) $M \approx 18\ dm^2$ (17,9…) c) $M \approx 1{,}3\ m^2$ (1,27…)
b) $M \approx 9{,}6\ dm^2$ (9,61…)

883 a) Die Regentonne enthält rund 21 hl (20,9…).
b) Es sind mindestens 8,6 m^2 (8,55…) Blech zur Herstellung nötig.

884 Das Volumen des Fasses beträgt rund 6,5 m^3 (6,54…)
Der Bauer kann rund 6-mal (6,1…) aufs Feld fahren.

885 Die Masse des Pucks beträgt rund 139 g (138,9…).

886 a) $m \approx 5{,}5\ kg$ (5,49…) c) $m \approx 9{,}1\ kg$ (9,07…)
b) $m \approx 2{,}6\ kg$ (2,64…)

887 a) $m \approx 25{,}1\ kg$ (25,06…) c) $m \approx 76{,}8\ kg$ (76,77…)
b) $m \approx 53{,}9\ kg$ (53,92…)

K **888** a) 2) $r = 15\ mm$ 4) $V \approx 35{,}3\ cm^3$ (35,34…)
3) $O \approx 61{,}3\ cm^2$ (61,26…) 5) 21,5 % (21,46…)
b) 2) $r = 33\ mm$ 4) $V \approx 291\ cm^3$ (290,8…)
3) $O \approx 245\ cm^2$ (244,6…) 5) 21,5 % (21,46…)
c) 2) $r = \frac{x}{2}\ m$ 4) $V = \frac{x^2\pi y}{4}\ m^3$
3) $O = x\pi\left(\frac{x}{2} + y\right)\ m^2$ 5) 21,5 % (21,46…)

889 a) $m \approx 5{,}37\ kg$ (5,366…) c) $m \approx 60{,}4\ kg$ (60,37…)
b) $m \approx 12{,}2\ kg$ (12,15…) d) $m \approx 100\ kg$ (100,4…)

890 Die Masse des Baumstammes beträgt rund 1583 kg (1583,3…).

891 a) $h \approx 5{,}4$ cm ($\underline{5{,}41\ldots}$); $O \approx 13$ dm² (13,1…)
b) $r = 13$ cm; $O = 962\pi$ cm²
c) $h \approx 0{,}4$ cm ($\underline{0{,}41\ldots}$); $V \approx 7{,}6$ cm³ (7,57…)
d) $h = 12$ cm; $V = 2700\pi$ cm³

892 a) $h = \frac{V}{r^2 \cdot \pi}$, $O = 2r\pi\left(r + \frac{V}{r^2\pi}\right) = (r^3\pi + V) \cdot \frac{2}{r}$
b) $r = \sqrt{\frac{V}{\pi \cdot h}}$, $O = 2\sqrt{\frac{V}{\pi \cdot h}} \cdot \pi\left(\sqrt{\frac{V}{\pi \cdot h}} + h\right) = \left(\frac{V}{h} + \sqrt{V \cdot \pi \cdot h}\right) \cdot 2$
c) $h = \frac{O}{2r\pi} - r$, $V = r^2\pi\left(\frac{O}{2r\pi} - r\right) = \frac{O \cdot r}{2} - r^3\pi = \left(\frac{O}{2} - r^2\pi\right) \cdot r$

893 a) $O \approx 1747$ cm² (1747.0…) b) $O \approx 1020$ cm² (1019.8…)

K **894** 1) a) $h \approx 105$ cm ($\underline{105{,}0\ldots}$)
b) $h \approx 26$ cm ($\underline{26{,}2\ldots}$)
c) $h \approx 12$ cm ($\underline{11{,}6\ldots}$)
d) $h \approx 7$ cm ($\underline{6{,}5\ldots}$)
e) $h \approx 4$ cm ($\underline{4{,}2\ldots}$)
f) $h \approx 3$ cm ($\underline{2{,}9\ldots}$)
g) $h \approx 2$ cm ($\underline{2{,}1\ldots}$)
h) $h \approx 2$ cm ($\underline{1{,}6\ldots}$)
i) $h \approx 1$ cm ($\underline{1{,}2\ldots}$)
j) $h \approx 1$ cm ($\underline{1{,}0\ldots}$)

2) a) $O \approx 666$ cm² (666,2…)
b) $O \approx 355$ cm² (355,1…)
c) $O \approx 277$ cm² (276,5…)
d) $O \approx 266$ cm² (265,5…)
e) $O \approx 289$ cm² (289,0…)
f) $O \approx 336$ cm² (336,1…)
g) $O \approx 402$ cm² (402,1…)
h) $O \approx 485$ cm² (484,6…)
i) $O \approx 582$ cm² (582,2…)
j) $O \approx 694$ cm² (694,3…)

3) Wähle zB für den Radius r: 1 cm $\triangleq$ 1 cm, für die Oberfläche O: 100 cm² $\triangleq$ 1 cm!
4) Bei einem Radius von 4 cm ist der Materialverbrauch am geringsten.

895 The height of the can is approximately 12.7 cm (12.73…).

896 a) … 25 Betonringe (24,9…) b) $m \approx 245$ kg (245,0…)

897 $\rho \approx 2500$ kg/m³ (2497,…)

898 a) $\rho = 873$ kg/m³ (872,9…) b) $\rho \approx 891$ kg/m³ (890,7…)

899 … jeweils nach rund 16 mm (15,9…).

900 a) 1) ≈ 4 cm (3,9…) 2) ≈ 6 cm (5,9…) 3) ≈ 10 cm (9,9…)
b) 1) ≈ 6,0 cm (6,02…) 2) ≈ 9,0 cm (9,04…) 3) ≈ 15 cm (15,0…)
c) 1) ≈ 2,3 cm (2,26…) 2) ≈ 3,4 cm (3,39…) 3) ≈ 5,7 cm (5,66…)
d) 1) ≈ 4,8 cm (4,77…) 2) ≈ 7,2 cm (7,16…) 3) ≈ 12 cm (11,9…)

901 a) $d \approx 1{,}08$ m ($\underline{1{,}075\ldots}$) b) ≈ 4,63 m² (4,627…)

902 … ein Quadrat.

903 1) Setzt $h = 2r$ in $M = 2r \cdot \pi \cdot h$ ein: $M = 2r \cdot \pi \cdot (2r) \Rightarrow M = 4r^2\pi$
2), 3) Vergleicht mit Aufgabe 1)!

904 a) $V \approx 21{,}2$ l (21,20…)
b) $V \approx 44{,}5$ l (44,47…)
c) $V \approx 66{,}9$ l (66,90…)
d) $V \approx 71{,}6$ l (71,56…)

905 a) 1) $r = 15$ cm 2) $O = 1350\pi$ cm²
b) 1) $r = 25$ mm 2) $O = 3750\pi$ mm²
c) 1) $r \approx 17$ mm ($\underline{16{,}6\ldots}$) 2) $O = 5250$ mm²
d) 1) $r \approx 20$ cm ($\underline{19{,}9\ldots}$) 2) $O = 7500$ cm²

906
a) 1) $r = 7{,}0$ cm 2) $O = 294\pi$ cm²
b) 1) $r = 13$ dm 2) $O = 1014\pi$ dm²
c) 1) $r \approx 7{,}8$ cm (7,81…) 2) $O \approx 1150$ cm² (1151,…)
d) 1) $r \approx 0{,}54$ m (0,541…) 2) $O \approx 5{,}54$ m² (5,535…)

907
a) 1) $s = 65$ mm 2) $V \approx 17$ cm³ (16,8…) 3) $M \approx 33$ cm² (32,6…) 4) $O \approx 41$ cm² (40,7…)
b) 1) $s = 109$ mm 2) $V \approx 343$ cm³ (343,0…) 3) $M \approx 205$ cm² (205,4…) 4) $O \approx 319$ cm² (318,5…)
c) 1) $h = 60$ mm 2) $V \approx 127$ cm³ (127,2…) 3) $M \approx 106$ cm² (106,0…) 4) $O \approx 170$ cm² (169,6…)
d) 1) $h = 580$ mm 2) $V \approx 225$ dm³ (225,2…) 3) $M \approx 1{,}61$ m² (1,609…) 4) $O \approx 2{,}77$ m² (2,774…)
e) 1) $r = 10$ mm 2) $V \approx 2{,}5$ cm³ (2,51…) 3) $M \approx 8{,}17$ cm² (8,168…) 4) $O \approx 11{,}3$ cm² (11,30…)
f) 1) $r = 66$ mm 2) $V \approx 401$ cm³ (401,4…) 3) $M \approx 228$ cm² (228,0…) 4) $O \approx 365$ cm² (364,9…)

908
a) Das Volumen wird auf das 4-, 9-, 16-, n^2-fache vergrößert.
b) Das Volumen wird auf das 2-, 3-, 4-, n-fache vergrößert.
c) Das Volumen wird auf das 8-, 27-, 64-, n^3-fache vergrößert.

909
a) Die Mantelfläche wird auf das 2-, 3-, n–fache vergrößert.
b) Die Mantelfläche wird auf das 2-, 3-, n–fache vergrößert.
c) Die Mantelfläche wird auf das 4-, 9-, n^2–fache vergrößert.

910
a) 1) $V_1 = 500\pi$ cm³ 2) $V_2 = 750\pi$ cm³ 3) $V_1 : V_2 = 2 : 3$
b) 1) $V_1 = 1792\pi$ cm³ 2) $V_2 = 2352\pi$ cm³ 3) $V_1 : V_2 = 16 : 21$
c) 1) $V_1 = 2592\pi$ cm³ 2) $V_2 = 3456\pi$ cm³ 3) $V_1 : V_2 = 3 : 4$
d) 1) $V_1 = \frac{xy^2\pi}{3}$ cm³ 2) $V_2 = \frac{x^2y\pi}{3}$ cm³ 3) $V_1 : V_2 = y : x$

911
a) 1) $V \approx 1{,}1$ dm³ (1,07…) 2) $O \approx 5{,}7$ dm² (5,68…)
b) 1) $V \approx 5{,}7$ dm³ (5,74…) 2) $O \approx 17$ dm² (17,4…)
c) 1) $V \approx 1{,}3$ dm³ (1,27…) 2) $O \approx 6{,}4$ dm² (6,39…)
d) 1) $V \approx 55$ dm³ (54,8…) 2) $O \approx 78$ dm² (78,3…)

912
a) $s = \sqrt{r^2 + h^2}$, $V = \frac{r^2\pi h}{3}$, $O = r\pi\,(r + \sqrt{r^2 + h^2})$
b) $h = \sqrt{s^2 - r^2}$, $V = \frac{r^2\pi\,\sqrt{s^2 - r^2}}{3}$, $O = r\pi\,(r + s)$
c) $r = \sqrt{s^2 - h^2}$, $V = \frac{(s^2 - h^2)\pi h}{3}$,
$O = \sqrt{s^2 - h^2}\,\pi\,(\sqrt{s^2 - h^2} + s) = (s^2 - h^2 + s\sqrt{s^2 - h^2})\,\pi$

913
$M \approx 35{,}6$ dm² (35,61,…)

914
1) $V \approx 127$ cm³ (127.2…) 2) $s = 7.5$ cm 3) $O \approx 170$ cm² (169.6…)

915
a) 1) $V \approx 189$ m³ (189,2…) 2) $M \approx 134$ m² (134,3…)
b) 1) $V \approx 502$ m³ (501,8…) 2) $M \approx 264$ m² (263,5…)
c) 1) $V \approx 102$ m³ (102,1…) 2) $M \approx 90{,}2$ m² (90,20…)
d) 1) $V \approx 195$ m³ (195,4…) 2) $M \approx 139$ m² (139,0…)

916 1) $O \approx 58{,}5\ cm^2$ (58,50…) 2) $V \approx 34{,}1\ cm^3$ (34,16…) 3) $m \approx 386\ g$ (386,0…)

917 a) 1) $V \approx 126\ dm^3$ (125,6…) 2) $O \approx 146\ dm^2$ (145,8…)
b) 1) $V \approx 192\ dm^3$ (192,1…) 2) $O \approx 205\ dm^2$ (204,5…)

918 a) 1) $r = 13\ cm$ 2) $s \approx 25\ cm$ (24,6 …) 3) $O \approx 15{,}4\ dm^2$ (15,39…)
b) 1) $h = 16\ cm$ 2) $s \approx 29\ cm$ (28,8…) 3) $O \approx 39{,}8\ dm^2$ (39,84…)
c) 1) $r \approx 9{,}8\ dm$ (9,77…) 2) $s \approx 14\ dm$ (13,9…) 3) $O \approx 7{,}3\ m^2$ (7,29…)

919 a) $\approx 72\,\%$ (72,4…) b) … nein, nur ein Siebenundzwanzigstel.

K **920** 1) a) $h \approx 191\ cm$ (190,9…) d) $h \approx 12\ cm$ (11,9…)
b) $h \approx 48\ cm$ (47,7…) e) $h \approx 8\ cm$ (7,6…)
c) $h \approx 21\ cm$ (21,2…) f) $h \approx 5\ cm$ (5,3…)
2) a) $M \approx 3001\ cm^2$ (3001,0…) d) $M \approx 1463\ cm^2$ (1463,4…)
b) $M \approx 1533\ cm^2$ (1532,5…) e) $M \approx 2053\ cm^2$ (2053,1…)
c) $M \approx 1225\ cm^2$ (1224,6…) f) $M \approx 2871\ cm^2$ (2871,3…)
3) Wähle zB für den Radius r: $5\ cm \mathrel{\hat=} 1\ cm$,
für die Mantelfläche M: $500\ cm^2 \mathrel{\hat=} 1\ cm$!
4) Bei einem Radius von 15 cm ist der Materialverbrauch am geringsten.

921 … ein gleichseitiges Dreieck.

922 1) Setzt $s = 2r$ in $M = r \cdot \pi \cdot s$ ein: $M = r \cdot \pi \cdot (2r) \Rightarrow M = 2\,r^2\pi$
2) Vergleicht mit Aufgabe 1)!

923 Setzt $s = 2r$ in $h = \sqrt{s^2 - r^2} \Rightarrow h = \sqrt{3r^2} \Rightarrow h = r\sqrt{3}$

924 a) 1) $M \approx 101\ cm^2$ (100,5…) 2) $O \approx 151\ cm^2$ (150,7…) 3) $V \approx 116\ cm^3$ (116,0…)
b) 1) $M \approx 308\ cm^2$ (307,8…) 2) $O \approx 462\ cm^2$ (461,8…) 3) $V \approx 622\ cm^3$ (622,1…)
c) 1) $M \approx 204\ cm^2$ (204,1…) 2) $O \approx 306\ cm^2$ (306,2…) 3) $V \approx 336\ cm^3$ (335,9…)
d) 1) $M \approx 326\ cm^2$ (325,7…) 2) $O \approx 489\ cm^2$ (488,5…) 3) $V \approx 677\ cm^3$ (676,9…)

925 a) 1) $r = 17\ cm$ 2) $M = 578\pi\ cm^2$ 3) $V \approx 8{,}9\ dm^3$ (8,91…)
b) 1) $r = 26\ cm$ 2) $M = 1352\pi\ cm^2$ 3) $V \approx 31{,}9\ dm^3$ (31,87…)
c) 1) $r \approx 5{,}6\ cm$ (5,64…) 2) $M = 200\ cm^2$ 3) $V \approx 326\ cm^3$ (325,7…)
d) 1) $r \approx 7{,}3\ cm$ (7,28…) 2) $M \approx 333\ cm^2$ (333,3…) 3) $V \approx 701\ cm^3$ (700,8…)

926 a) $h \approx 2{,}9\ cm$ (2,91…) c) $h \approx 12{,}8\ dm$ (12,76…)
b) $h \approx 4{,}0\ m$ (4,00…) d) $h \approx 14{,}2\ cm$ (14,20…)

927 a) 1) $O \approx 28\ cm^2$ (28,2…) 2) $V \approx 14\ cm^3$ (14,1…)
b) 1) $O \approx 92\ cm^2$ (91,6…) 2) $V \approx 82\ cm^3$ (82,4…)
c) 1) $O \approx 10\ m^2$ (10,1…) 2) $V \approx 3{,}1\ m^3$ (3,05…)
d) 1) $O \approx 3{,}1\ m^2$ (3,14…) 2) $V \approx 0{,}5\ m^3$ (0,52…)
e) 1) $O \approx 502\ m^2$ (501,9…) 2) $V \approx 1060\ m^3$ (1057,…)

928 a) $V \approx 8.4\ dm^3$ (8.37…), $O \approx 20\ dm^2$ (19.95…)
b) $V \approx 524\ m^3$ (523.5…), $O \approx 314\ m^2$ (314.1…)

929 1) $V \approx 3050\ m^3$ (3053,…) 2) $O \approx 1020\ m^2$ (1017,…)

930 1) Erdoberfläche ≈ 510 Mill. km^2 (509,9…)
2) Landfläche ≈ 149 Mill. km^2 (148,8…)
3) Wasserfläche ≈ 361 Mill. km^2 (361,0…)

931 a) 1) $O_1 : O_2 = 1 : 4$ 2) $V_1 : V_2 = 1 : 8$
b) 1) $O_1 : O_2 = 4 : 9$ 2) $V_1 : V_2 = 8 : 27$
c) 1) $O_1 : O_2 = 16 : 49$ 2) $V_1 : V_2 = 64 : 343$

932 1) Die Oberfläche wird 4-mal, 9-mal, 16-mal, n^2-mal so groß.
2) Das Volumen wird 8-mal, 27-mal, 64-mal, n^3-mal so groß.

933 V (Zylinder) : V (Halbkugel) : V (Kegel) = $r^3\pi : \frac{2r^3\pi}{3} : \frac{r^3\pi}{3} = 3 : 2 : 1$

934 a) 1) $V \approx 524\ cm^3$ (523,5…) 2) ≈ 48 % (47,6…)
b) 1) $V \approx 1{,}77\ dm^3$ (1,767…) 2) ≈ 48 % (47,6…)
c) 1) $V = \frac{x^3\pi}{6}\ cm^3$ 2) ≈ 48 % (47,6 …)

935 a) 1) r ≈ 11 cm (10,9…) 2) $O \approx 15{,}2\ dm^2$ (15,15…) 3) $V \approx 5{,}5\ dm^3$ (5,54…)
b) 1) r ≈ 12 cm (12,2…) 2) $O \approx 18{,}9\ dm^2$ (18,87…) 3) $V \approx 7{,}7\ dm^3$ (7,70…)
c) 1) r ≈ 11 cm (10,5…) 2) $O \approx 13{,}9\ dm^2$ (13,86…) 3) $V \approx 4{,}9\ dm^3$ (4,85…)
d) 1) r ≈ 9,3 cm (9,39…) 2) $O \approx 11{,}1\ dm^2$ (11,08…) 3) $V \approx 3{,}5\ dm^3$ (3,46…)
e) 1) r ≈ 3,3 cm (3,26…) 2) $O \approx 134\ cm^2$ (133,7…) 3) $V \approx 145\ cm^3$ (145,4…)
f) 1) r ≈ 9,9 cm (9,86…) 2) $O \approx 12{,}2\ dm^2$ (12,23…) 3) $V \approx 4{,}0\ dm^3$ (4,02…)

936 a) 1) $O \approx 226\ cm^2$ (226,1…) 2) $V \approx 452\ cm^3$ (452,3…) 3) m ≈ 1,1 kg (1,13…)
b) 1) $O \approx 14{,}1\ dm^2$ (14,13…) 2) $V \approx 70{,}7\ dm^3$ (70,68…) 3) m ≈ 17,7 kg (17,67…)
c) 1) $O \approx 1{,}6\ m^2$ (1,57…) 2) $V \approx 262\ dm^3$ (261,7…) 3) m ≈ 654 kg (654,4…)

937 a) Der Tank fasst rund 3 050 l (3 053,6…).
b) Es sind rund 12 m^2 (11,8…) zu streichen.

938 a) 1) r ≈ 1,8 cm (1,84…) 2) $V \approx 26{,}2\ cm^3$ (26,23…)
b) 1) r ≈ 3,8 cm (3,78…) 2) $V \approx 227\ cm^3$ (227,0…)
c) 1) r ≈ 2,8 dm (2,82…) 2) $V \approx 94\ dm^3$ (94,0…)
d) 1) r = 17 cm 2) $V = \frac{19652}{3}\pi\ cm^3$

939 a) 1) r ≈ 2,7 cm (2,70…) 2) $O \approx 91{,}6\ cm^2$ (91,61…)
b) 1) r ≈ 7,5 m (7,50…) 2) $O \approx 708\ m^2$ (707,6…)
c) 1) r ≈ 6,2 dm (6,20…) 2) $O \approx 4{,}8\ m^2$ (4,83…)
d) 1) r = 15 cm 2) $O = 900\pi\ cm^2$

940 a) Der Innendurchmesser muss rund 2,12 m (2,121…) betragen.
b) 1) Innen sind rund 14 m^2 (14,1…) zu streichen.
2) Außen sind rund 16 m^2 (16,3…) zu streichen.

941 a) 1) d ≈ 12,1 cm (12,07…) 2) d ≈ 38,6 cm (38,64…)
b) 1) d ≈ 11,3 cm (11,33…) 2) d ≈ 36,3 cm (36,27…)
c) 1) d ≈ 10,7 cm (10,66…) 2) d ≈ 34,1 cm (34,13…)
d) 1) d ≈ 9,9 cm (9,90…) 2) d ≈ 31,7 cm (31,69…)
e) 1) d ≈ 9,0 cm (8,99…) 2) d ≈ 28,8 cm (28,79…)

942 … 6 259 Kugeln (6 259,7…).

943 $\rho \approx 1330\ kg/m^3$ (1 328,…)

944 Die Kugel ist rund 15 cm (15,2…) tief eingesackt.

945 a) $V_Z = 50\ cm^3$ (50,2…), $V_{Kegel} = 17\ cm^3$ (16,7…), $V_{Kugel} = 34\ cm^3$ (33,5…)
b) $V_{Würfel} : V_{Zylinder} : V_{Kugel} : V_{Kegel} = 4 : \pi : \frac{2}{3}\pi : \frac{1}{3}\pi \approx 4 : 3 : 2 : 1$

946 Circular cylinder: $V \approx 6.3\ dm^3$ (6.28…), $S \approx 18.8\ dm^2$ (18.84…)
Circular cone: $V \approx 1.81\ dm^3$ (1.813…), $S \approx 942\ cm^2$ (942.4…)
Sphere: $V \approx 4.2\ dm^3$ (4.18…), $S \approx 12.6\ dm^2$ (12.56…)

K **947** a) $V \approx 102\ m^3$ (102,1…)
b) Es werden mindestens 132 m^2 (132,3…) Material benötigt.
c) $V = r^3\pi\left(5 + \frac{\sqrt{3}}{3}\right)$, $O = 13r^2\pi$

948 a) $r \approx 7$ cm (6,9…)
b) Es werden rund 1 040 cm^2 (1 039,5…) Pappkarton zu Herstellung der Schultüte benötigt.
c) Es sind 12,5 % der Schultüte gefüllt.

949 a) 1) $O \approx 28\ cm^2$ (28,4…) 2) $V \approx 11\ cm^3$ (11,1…) 3) $m \approx 126$ g (126,0…)
b) Das Volumen der Halbkugel beträgt rund 32 % (32,4…) des Gesamtvolumens.

950 bis **959** Siehe Buch Seite 276!

960 zB: a) Die Parallelwinkel α und α_1 sowie β und β_1 sind jeweils gleich groß.
Die Winkel α_1, β_1 und γ ergeben zusammen 180°. Somit gilt:
$\alpha + \beta + \gamma = 180°$.
b) Die Winkel α und α_1 sowie β und β_1 sind gleich große Parallelwinkel.
Die Winkel α_1 und β_1 ergeben zusammen den Winkel γ'. Somit gilt: $\gamma' = \alpha + \beta$.

961 zB: Es gilt $\overline{AC'} = \overline{C'B}$ und $\overline{AB'} = \overline{B'C}$.
Auf Grund des Strahlensatzes folgt dann $\overline{C'B'} = \frac{1}{2} \cdot \overline{BC}$ und $\overline{B'C'} \parallel \overline{BC}$.

962 Vergleiche mit der Lösung zu Aufgabe 961!

963 zB: Der Schnittpunkt U der Seitensymmetralen der Seite AB und der Seite AC ist sowohl von A und B als auch von A und C gleich weit entfernt, also auch von B und C gleich weit entfernt. Daher geht auch die Seitensymmetrale der Seite BC durch U:
$\overline{AU} = \overline{BU} = \overline{CU}$; durch A, B und C geht daher ein Kreis mit dem Mittelpunkt U (Umkreis).

964 zB: 1) Das Dreieck DEF ist – wegen des Strahlensatzes – zum Dreieck ABC ähnlich.
2) Wegen des Parallelverschiebens in 1) gilt:
$\overline{AB} = \overline{FC}$ und $\overline{AB} = \overline{CE}$, $\overline{AC} = \overline{DB}$ und $\overline{AC} = \overline{BE}$, $\overline{BC} = \overline{AD}$ und $\overline{BC} = \overline{AF}$,
d. h.: die Seitensymmetralen gehen durch A, B und C.
3) Wegen des Parallelverschiebens ist jede Seitensymmetrale des Dreiecks DEF normal auf je eine Seite des Dreiecks ABC.
D. h.: die 3 Höhen von ABC liegen auf den 3 Seitensymmetralen von DEF, die sich aber in einem Punkt schneiden.

965 1) Die Dreiecke AMC und MBC sind flächengleich, da sie die gleiche Höhe h_c haben und $\overline{AM} = \overline{MB}$ ist.
Das gleiche gilt für die Dreiecke AMP und MBP. Daraus folgt $A_1 = A_2$.
2) Beachte den Hinweis!
3) Beachte den Hinweis!

966 1) Aus Aufgabe 965 folgt, dass die Dreiecke ABS, BCS und ASC flächengleich sind.
Da $\overline{AD} = \overline{DB}$ und die Dreiecke ADS und DBS die gleiche Höhe haben, gilt: $A_1 = A_2$.
Analoges gilt für A_3 und A_4 bzw. A_5 und A_6.
2) Beachte den Hinweis!

967 zB: Alle Punkte der Winkelsymmetralen w_α sind von b und c gleich weit entfernt. Alle Punkte der Winkelsymmetralen w_β sind von a und c gleich weit entfernt. Der Schnittpunkt I ist daher von b und c bzw. a und c also auch von b und c gleich weit entfernt. Somit liegt I auch auf der Winkelsymmetralen w_γ. Der Kreis mit dem Mittelpunkt I und dem Radius $\rho = \overline{Ia} = \overline{Ib} = \overline{Ic}$ berührt die Seiten a, b und c.

968 $A_\triangle = A_{\triangle ABI} + A_{\triangle BCI} + A_{\triangle CAI} \Rightarrow A_\triangle = \frac{c \cdot \rho}{2} + \frac{a \cdot \rho}{2} + \frac{b \cdot \rho}{2} \Rightarrow 2 \cdot A_\triangle = \rho \cdot (a + b + c) \Rightarrow \rho = \frac{2A_\triangle}{u}$

969 zB:
1) Wählt man in einem Halbkreis die Punkte A und B als Durchmesserendpunkte und den Punkt C beliebig am Halbkreisbogen, so ist der Winkel $\sphericalangle$ ACB ein rechter Winkel.
2) Die Dreiecke AMC und MBC sind gleichschenklig, da $\overline{AM} = \overline{MC} = \overline{MB} = r$ gilt. Daraus folgt: $\alpha = \gamma_1$ und $\beta = \gamma_2$. Ebenso gilt: $\varepsilon_1 + \varepsilon_2 = 180°$. Da ε_2 Außenwinkel des Dreiecks AMC bzw. ε_1 Außenwinkel des Dreiecks MBC ist, gilt außerdem $\varepsilon_2 = 2\gamma_1$ bzw. $\varepsilon_1 = 2\gamma_2$. Damit gilt: $2\gamma_1 + 2\gamma_2 = 180°$ und somit: $\gamma = \gamma_1 + \gamma_2 = 90°$.

970 zB: Die Schwerlinie s_c ist die Strecke $\overline{MC}$. $\overline{MC}$ ist aber auch der Umkreisradius $r = \frac{c}{2} \Rightarrow s_c = \frac{c}{2}$

K 971 zB: Zeichne einen Kreis k mit der Strecke AB als Durchmesser.
1) C muss auf dem Kreis k liegen.
2) C muss außerhalb des Kreises k liegen.
3) C muss innerhalb des Kreises k liegen.

972 $\sphericalangle$ AMB = 135° für alle C.
Begründung: Im rechtwinkeligen Dreieck gilt: $\alpha + \beta = 90° \Rightarrow \frac{\alpha}{2} + \frac{\beta}{2} = 45°$.
$\sphericalangle AMB = 180° - \left(\frac{\alpha}{2} + \frac{\beta}{2}\right) \Rightarrow \sphericalangle AMB = 135°$.

973 $\sphericalangle FAS = 90° - 40° = 50° \Rightarrow \sphericalangle BAC = 70°$
$\sphericalangle ABE = 90° - 20° = 70° \Rightarrow \sphericalangle ABC = 70°$
Das Dreieck ABC hat zwei gleich große Winkel und ist daher gleichschenklig.

974 $\overline{CE} = \overline{AE}$ und $\overline{CE} = \overline{EB}$.
Die Seitensymmetrale $\overline{CE}$ teilt das $\triangle$ABC in zwei rechtwinklig-gleichschenklige Dreiecke bei denen die Katheten jeweils gleich lang sind.

975 Wenn $\alpha = 30° \Rightarrow \beta = 60° \Rightarrow$ Das $\triangle$MBC ist gleichseitig. $\Rightarrow \overline{BC} = \overline{MC} = r$.

K 976 zB: Wähle r = 2,5 cm und $\overline{MP}$ = 6,5 cm!
Beweis: MT_1 muss normal zu t_1 bzw. MT_2 normal zu t_2 stehen; man findet T_1 und T_2 mit dem Thaleskreis über MP; daher liegt MP auf der Symmetrieachse bezüglich t_1 und t_2; also gilt: $\overline{PT_1} = \overline{PT_2}$.

977 Formuliere möglichst exakt!

978
1) zB: Werden zwei von einem Punkt S ausgehende Strahlen von zwei Geraden geschnitten und verhalten sich die Längen der Abschnitte auf den Geraden so wie die Längen der von S ausgehenden Abschnitte auf einem Strahl, so sind die Geraden parallel.
2) Beachte den Hinweis!

979 Die Dreiecke APQ und $A_1B_1C_1$ sind auf Grund des Seiten-Seiten-Seiten-Satzes kongruent.

K **980** a) zB: alle Quadrate, alle Rauten, …

b) Es gilt: $\overline{AT_1} = \overline{AT_4} = x$, $\overline{BT_1} = \overline{BT_2} = y$, $\overline{CT_2} = \overline{CT_3} = u$, $\overline{DT_3} = \overline{DT_4} = v$,

daher: $\overline{AB} + \overline{CD} = x + y + u + v$,

$\overline{BC} + \overline{AD} = u + y + x + v$.

981 $\frac{\alpha}{2} = 180° - \varepsilon - \frac{\beta}{2} \Rightarrow 180° - 101° - 45° \Rightarrow \alpha = 68°$

$\delta = 180° - \alpha \Rightarrow \delta = 180° - 68° \Rightarrow \delta = 112°$

982

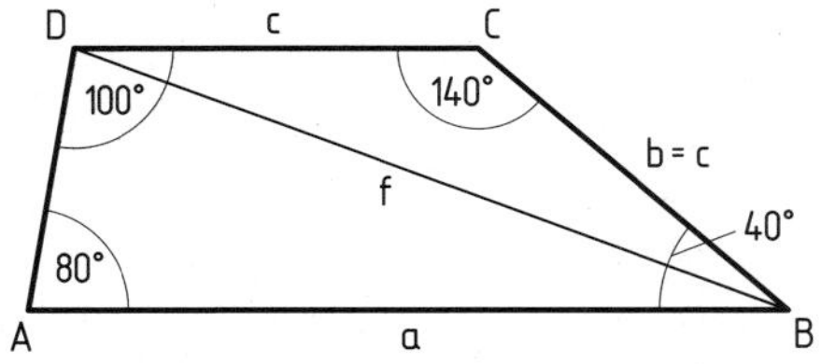

Das Dreieck BCD ist gleichschenklig.

Somit gilt: ∢ CDB = 20°. Daraus folgt ∢ ADB = 80°. Somit ist auch das Dreieck ABD gleichschenklig mit a = f.

983 $\varepsilon = 132°$

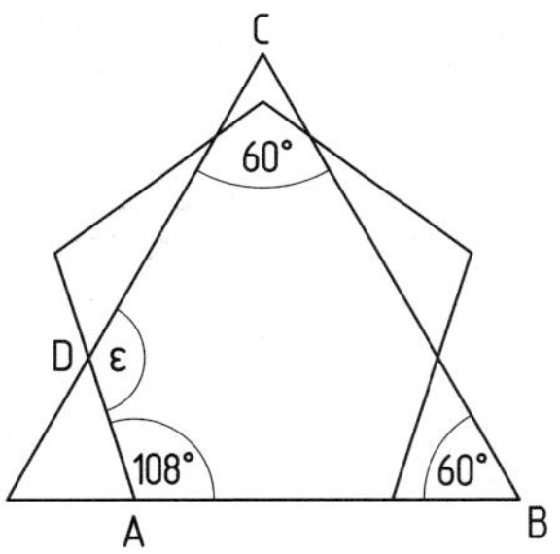

984 Für das Quadrat gilt: $a_1 = 2r \Rightarrow A_1 = 4r^2$.

Für das kleine Quadrat gilt: $a_2 = r\sqrt{2} \Rightarrow A_2 = 2r^2$.

$A_1 - A_2 = 32 \Rightarrow a_1 = 8$ cm.

985 Die Diagonalen bilden einen rechten Winkel.

986 Richtig: $\alpha = \gamma$, $\alpha + \delta = 180°$, e und f halbieren einander.

Falsch: $e \perp f$ und ABCD hat einen Umkreis.

K **987** a) zB: Die Punkte C und D der Sehne liegen gleich weit vom Mittelpunkt M entfernt (Kreis als Ortslinie) und gleich weit entfernt von jedem Punkt der Streckensymmetrale von CD, die einen Durchmesser des Kreises enthält.

b) Nach dem Höhensatz gilt: $x^2 = y \cdot z$.

988

a) $h \approx 8$ cm	c) $h \approx 72$ cm	e) $h \approx 5{,}12$ m	g) $h \approx 18$ m
b) $h \approx 32$ cm	d) $h \approx 1{,}62$ m	f) $h \approx 8$ m	h) $h \approx 84{,}5$ m

K **989** 1) zB: Jede Seite des Vierecks ist Sehne des Umkreises.

2) Quadrat, Rechteck, gleichschenkliges Trapez

K 990

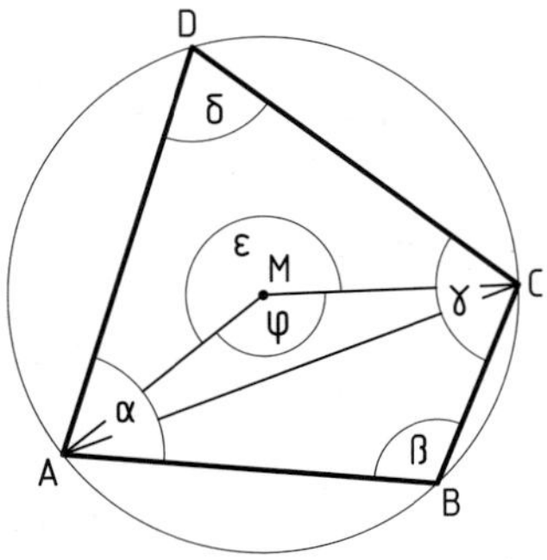

zB: ε ist der zum Peripheriewinkel β gehörende Zentriwinkel, d. h.: $\varepsilon = 2\beta$.
φ ist der zum Peripheriewinkel δ gehörende Zentriwinkel, d. h.: $\varphi = 2\delta$.
$\varepsilon + \varphi = 360° \Rightarrow 2\beta + 2\delta = 360° \Rightarrow \beta + \delta = 180°$

K 991 a) $\overline{BC} = 7{,}9$ cm, $\overline{AD} = 4{,}9$ cm b) $r = 3{,}2$ cm, $\overline{CD} = 4{,}6$ cm

K 992 Da eine Diagonale ein Durchmesser des Umkreises ist, zerteilt diese das Viereck in zwei rechtwinklige Dreiecke (Satz von Thales). Daher sind zwei Winkel des Vierecks jeweils 90°. Der größte Winkel hat 99°.

K 993 Vergleiche mit dem Beispiel im Buch und der zugehörigen Zeichnung!

K 994 Vergleiche mit der zugehörigen Zeichnung im Buch!

K 995 Die drei Sehwinkel müssen jeweils 120° haben.

K 996 Vergleiche mit Aufgabe 995!

K 997 zB: Konstruiere den zu γ gehörigen Peripheriewinkelbogen über der Seite AB und schneide diesen mit der Parallelen zu AB durch C.
a) $a_1 = 6$ cm bzw. $a_2 = 10{,}4$ cm
b) $b_1 = 5{,}4$ cm bzw. $b_2 = 9$ cm
c) $a_1 = 5{,}2$ cm bzw. $a_2 = 7{,}8$ cm
d) $b_1 = 7{,}4$ cm bzw. $b_2 = 12{,}4$ cm
e) $a_1 = 5{,}2$ cm bzw. $a_2 = 8{,}1$ cm

K 998 zB: Der Kreisbogen ist ein Halbkreisbogen, daher ist der Zentriwinkel 180° und der zugehörige Peripheriewinkel 90°.

999 a) bis d) Vergleiche mit der Zeichnung im Buch Seite 241 oben!

K 1000 a) bis d) Vergleiche mit dem Beispiel im Buch Seite 242!
a) $b \approx 22$ mm (21,7…)
b) $e \approx 21$ mm (20,6…)
c) $a \approx 57$ mm (56,6…)
d) $b = 40$ mm
e) $e = 48$ mm
f) $a = 52$ mm

K 1001 a) bis d) Vergleiche mit dem Beispiel im Buch Seite 242!
a) $a \approx 42$ mm (42,4…)
b) $a \approx 49$ mm (49,4…)
c) $a \approx 57$ mm (56,5…)
d) $b = e \approx 35$ mm (35,3…)
e) $b = e \approx 42$ mm (42,4…)
f) $b = e \approx 32$ mm (31,8…)

K 1002 1) und 2) Die gesuchten Ellipsenpunkte X (4 Punkte) liegen auf den Kreisbögen mit der Sehne $\overline{F_1F_2} \approx 83$ mm (82,8…) und dem Peripheriewinkel α.
a) $\overline{XF_1} \approx 12$ mm
b) $\overline{XF_1} \approx 19$ mm
c) $\overline{XF_1} \approx 10$ mm
d) $\overline{XF_1} \approx 11$ mm
e) $\overline{XF_1} \approx 15$ mm
f) $\overline{XF_1} \approx 11$ mm

K 1003 a) $a_1 \approx 34$ mm (33,5…), $a_2 \approx 39$ mm (39,0…), $a_3 \approx 58$ mm (58,3…)
b) $b_1 \approx 19$ mm (19,3), $b_2 \approx 28$ mm (28,2…), $b_3 \approx 36$ mm (35,7…)

1004 bis 1011 Siehe Buch Seite 277!

1012 bis 1039 Siehe Buch Seite 272 und 278!

1040 bis 1067 Siehe Buch Seite 279!

1068 bis 1089 Siehe Buch Seite 280!

1090 bis 1106 Siehe Buch Seite 281!